U0160821

宇宙侦探事务所

INCREDIBLE
STORIES
FROM SPACE
NANCY
ATKINSON

［美］南希·阿特金森 著
宋阳 译

中信出版集团｜北京

图书在版编目（CIP）数据

宇宙侦探事务所 /（美）南希·阿特金森著；宋阳
译. -- 北京：中信出版社，2020.10
　书名原文：Incredible Stories from Space
　ISBN 978-7-5217-1954-3

　I.①宇… II.①南… ②宋… III.①宇宙—普及读
物 IV.①P159-49

中国版本图书馆CIP数据核字（2020）第 101881 号

INCREDIBLE STORIES FROM SPACE
Text Copyright © 2016 by Nancy Atkinson
Published by arrangement with Page Street Publishing Co. All rights reserved.
Simplified Chinese translation copyright © 2020 by CITIC Press Corporation

宇宙侦探事务所

著　者：[美]南希·阿特金森
译　者：宋　阳
出版发行：中信出版集团股份有限公司
　　　　　（北京市朝阳区惠新东街甲 4 号富盛大厦 2 座　邮编　100029）
承 印 者：北京尚唐印刷包装有限公司

开　　本：880mm×1230mm　1/32　　印　张：12.25　　字　数：276 千字
版　　次：2020 年 10 月第 1 版　　印　次：2020 年 10 月第 1 次印刷
京权图字：01-2019-7071
书　　号：ISBN 978-7-5217-1954-3
定　　价：78.00 元

献给里克，一如从前。

名人推荐

太棒了，读起来非常过瘾，"新视野号"那章看得我热泪盈眶。

——艾伦·斯特恩（Alan Stern），
"新视野号"冥王星-柯伊伯带任务首席研究员，
《自然》年度十大人物

我有幸与南希·阿特金森共事了十几年。《宇宙侦探事务所》这本书展现了她渊博的知识和轻松易读的文风。

——弗雷泽·凯恩（Fraser Cain），
"今日宇宙网"发行人

太空探索代表人类的至高成就。若不把机器人航天器奋不顾"身"的英勇故事，还有幕后科学家和工程师的孜孜以求记录下来，人类如何对得起自己？为此，我们需要一个懂行的说书人，而从事太空探索报道多年的南希正是最佳人选。通过她的《宇宙侦探事务所》一书，我们不仅能在幕后体验这些神奇任务的重大意义，也得以了解无私的机器人航天器在飞向太阳系和宇宙更深处的途中所取得的历史性科学发现。

——伊恩·奥尼尔（Ian O'Neill）博士，
"探索新闻"太空板块资深制作人

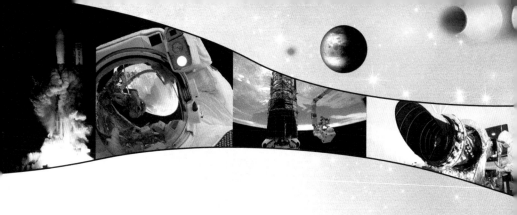

　　新生代的太空探索者不是人类，而是人类造出来的机器人。南希·阿特金森把她通过访谈得来的丰富内容，以一种亲切迷人的方式娓娓道来，带你领略这些冉冉升起的机器人航天器。感受她的激情，在她的字里行间遨游群星吧。

——帕米拉·盖伊（Parmela Gay）博士，
教育播客"天文学热播"播主

　　现如今，好看的故事确实讲的都是太空，而在南希·阿特金森轻松的笔触下，好看的故事讲的却是那些把机器人使者送入太空执行任务的地球人。阿特金森把他们的故事与科学发现结合起来，编就了一部称得上是《太空探索名人大全》或者《宇宙大白科》的故事集。

——迈克·布朗（Mike Brown），
加州理工学院天文学家和《我是怎样干掉了冥王星》作者

　　请做好准备吧，你将要踏上一段永生难忘的旅程！从太阳系的种种奇观到搜寻类地系外行星，南希·阿特金森毫无遗漏地讲述了每一个神奇的故事和每一个绝妙的发现。

——安德鲁·蔡金（Andrew Chaikin），
《站在月球上的人》作者

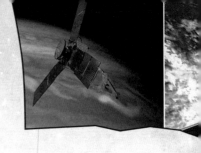

目 录

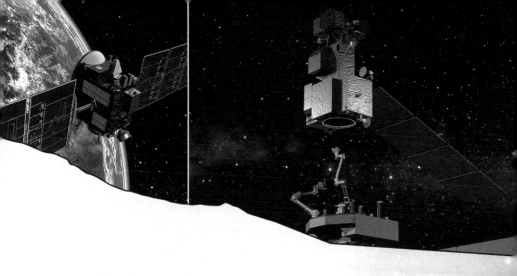

引 言

足不出户看宇宙

2010 年 2 月 11 日，在佛罗里达州肯尼迪航天中心（Kennedy Space Center，KSC），我和几位科学家站在一起，注视着火箭从发射台呼啸升空。安放在火箭里的无人航天器，正是身边这几位倾毕生之力研发的成果。

几个月来，我一直盼望这次机会，只是之前没有料到，原来亲临火箭发射现场，近距离体验发射过程的激动根本无法言说。这种感受，人人都值得亲历。

半年前，我打算去肯尼迪航天中心现场观看 STS-130 发射任务。那一次，火箭将要搭载"奋进号"（Endeavour）航天飞机，

卡纳维拉尔角空军基地（Cape Canaveral Air Force Station），搭载太阳动力学观测台（Solar Dynamics Observatory）的"阿特拉斯 5 型"火箭正在从一个 30 层楼高的台架——垂直一体化设施（Vertical Integration Facility）——上被推出到发射台上。

图片来源：美国国家航空航天局

将 6 名宇航员送到国际空间站，执行两个新部件的安装任务。2004 年，美国国家航空航天局（NASA）宣布将在 2011 年结束航天飞机计划，这意味着伟大而传奇的"奋进号"快要退役了。从那时起，我就希望能到发射现场一睹它最后的风采。毕竟，我是专门报道太空探索和天文学新闻的记者，还有什么事件比一个太空时代的终结更具新闻价值呢？

我仔细查阅了发射时间表，发现如果多逗留一段时间，我便可以多观看几次发射。再说，我那时住在伊利诺伊州，正值数九隆冬，若能到四季如春的佛罗里达州过上几个星期，岂不美哉。

2010 年的太空海岸（Space Coast）之旅让我夙愿得偿。我不仅目睹了两架航天飞机和两台无人航天器的发射，参观了美国国家航空航天局的设施（包括一些平时不对外开放的场所），还见到并且采访了几十名宇航员、科学家、工程师和局里的官员。最令人激动的是，我直接站在具有历史意义的 39A 发射台上，巨大的"发现号"（Discovery）航天飞机就在我的正上方蓄势待发，即将开启它的倒数第二次太空之旅。

载人航天的故事自然波澜壮阔，而且在我的报道中一直占很大比重，但在我看来，无人航天器总有某种魅力，摄人心魄。作为宇宙中人类的使者，这些机器人能够到达人类尚无法触及的太空深处。我是听着"水手号"（Mariner）、"海盗号"（Viking）和"旅行者号"（Voyager）的故事长大的。故事里说，这些机器人航天器勇敢踏上史无前例的深空航程，获得划时代的发现，改变人类对太阳系的看法，将过去只存在于梦境和画家笔下的群星世界呈现在我们眼前。

我们已经向地球附近的行星、矮行星、小行星、彗星和卫星发射了多个无人航天器，它们每天发回的太空图像如此逼真，如此震撼。无论多么艰辛，它们作为人类科学探索的代表，飞越、环绕、登陆、撞击和环视千奇百怪的太阳系天体。此外，我们还将超级望远镜送入太空。它们越过云雾重重的地球大气层，在外太空清晰地观察和拍摄遥远的恒星和星系，甚至是与太阳系截然不同的恒星系统，向我们展示令人叹为观止的宇宙图景。

人类渴望揭开宇宙的未解之谜，为此设计和制造了航天器。它们有着金属和电路板构成的身躯，是人类智慧的结晶。人类依靠聪明才智，精确计算轨迹，绘制星历表（确定某个给定时间点天体与航天器的位置），让无人航天器跨越星际之遥，造访群星。善于探究的人类大脑分析数据，得出结论，获得新发现。不论是火箭科学家，还是我们普通人，都会对宏伟的太空景象心生敬畏，为遥远太空里的神秘发现赞叹不已。这些无人航天器让我们足不出户就能探索宇宙。

但把它们送上太空并非易事。

首先，天文学家和行星科学家在自己的科研领域呕心沥血数年，其间受某个未解之谜的启发，萌生新的想法，比如研制一台仪器或者一个配备多种仪器的航天器，好去研究这个未解之谜。然后，他们与日后可能共事的研究员合作拟定初步的任务概念和计划图表。

接下来，他们要等美国国家航空航天局、欧洲空间局（ESA）、日本宇宙航空研究开发机构（JAXA）、印度空间研究组织（ISRO）之类的太空机构发出**机会通告**（Announcement of

Opportunity，AO），征集太空任务计划书。不过，太空机构往往只关注一些特定类型的任务。因此，如果他们的构想与太空机构的预期不符，他们就要继续等待，直到合适的机会出现。

终于，机会出现了。他们开始组建团队，起草任务计划书。一般来说，为了让任务能够挺过多轮专家评审，他们会提交**几份**计划书。最终，只有少数幸运者赢得太空机构的资助。若是有幸过审，他们不免要欣喜若狂一阵子，但狂喜过后，他们必须着手筹划仪器和航天器的建造，这中间还要反复修改和调整方案。同时，他们还要搞定运载工具，也就是火箭。对了，国会或议会说不定什么时候会削减太空机构的预算，已经获批的任务也难保不会被搁置，甚至取消。

上述过程动辄耗费几年甚至几十年的时间，而在此期间，没人敢保证火箭、仪器和航天器将来一定会如人所愿，完美运转，不辱使命。

虽然道阻且长，但在 2010 年 2 月 11 日，多年费心筹措终臻大成。太阳动力学观测台成功发射，奏响了任务的开篇乐章。洋溢在几位科学家脸上的喜悦激动之情，成了我此生难忘的珍贵回忆。

我为今日宇宙网撰稿多年，有幸"跟随"无人航天器了解太空——跟踪它们的一举一动，分析它们的新奇见闻，结识它们背后的优秀航天人。我还有幸给公众讲述这些伟大任务的执行过程，挖掘科学家和工程师等幕后功臣的传奇故事——构思设计，研发建造，分析数据，运维照料，凡此种种，不可悉数。

这些幕后故事引人入胜，情节跌宕起伏，几度峰回路转。正如许多太空科学家所说，不必预设成果，学会期待惊喜。

本书讲述 21 世纪初的几个无人太空任务。这些任务有的持续几年，有的长达几十年，有的不过运行几个月便完成使命。有如新旧更替的英雄传奇，无人太空任务的故事也是此篇说罢，又叙新篇。

本书之外，还有许多奇妙的无人太空任务正在执行中，我希望你们多去了解。在本书最后一章，我会介绍一些未来的新任务。

如今，不单单是记者，其实每个人都可以"跟随"无人航天器探索宇宙。普通大众可以通过社交媒体参与其中，向美国国家航空航天局和其他太空机构提问题，观看影像，了解新的发现（有些发现会实时共享）。

此外，随着公民科学计划的实施，普通人可以突破"跟随者"的角色，为科学进步做出实质性的贡献——发现隐藏的星系、新的超新星、新的恒星系统、原先看不到的月球陨坑或火星陨坑等等。有什么比这样的新发现更激动人心呢？很多天体的发现者都是普通人，今后会有更多。

跟我来，让我们一起探索太空……

南希·阿特金森
于明尼苏达州伯南维尔镇区
2016 年

第一章

揭开冥王星的奥秘：
"新视野号"

谁言不可为

这是典型的艾伦·斯特恩风格：驾车赶往会场，途中回家稍做停留，一路奔忙中还要跟你通电话。透过糟糕的蓝牙连接，你能听出车辆呼啸而过，车门和房门打开又关上，抽屉推拉，行李箱开合，至于他在说什么，你基本听不清。其实，他一路上讲的是，2015 年 7 月，他的探测器抵达遥远的太阳系边缘，开始研究冥王星及其卫星，取得了超乎人们想象的巨大成功。

在此之前，曾有不少人断言，"新视野号"（New Horizons）探测器绝不可能在预算内按时完工。我问他现在会怎样回应那些人，一贯惜字如金的斯特恩言简意赅地说："我们做到了，别的用不着多说。"

斯特恩是"新视野号"任务的首席研究员和主要策划人。自 20 世纪 80 年代后期以来，他一直在推动冥王星任务的实施。

"最初 10 年里，我们一步都迈不出去。"他说。探索冥王星的任务计划书不是被取消，就是得不到认真对待。受挫的斯特恩开始游说其他科学家甚至国会议员，终于促使美国国家科学院（National Academy of Sciences）把冥王星任务列为 21 世纪头 10 年的最优先事项。

"新视野号"任务首度获批是在 2001 年，但一年后，美国国家航空航天局出于预算原因，似乎要取消任务。国际行星协会（The Planetary Society）等太空促进组织部分借助了儿童来信的力量，向国会请愿，希望保留这个任务。看起来，儿童总是迷恋那颗跟卡通形象同名的星星，尽管冥王星的名字取自罗马神话里的冥界之神。[①]

此举奏效了，冥王星任务起死回生，但仍有反对的声音。"2001年'新视野号'入选时，有人跟我们讲，'你们虽胜犹败'！"斯特恩回忆道，"这些人说，你们的经费只有20世纪70年代'旅行者号'任务的五分之一，这点钱根本不够用。其次，没人能用4年这么短的时间筹备一次远日行星任务。再次，飞到冥王星需要10年，而你们只有一个探测器，失败的可能性极大。总之，这事儿办不成。"

斯特恩说，不管别人怎么讲，"新视野号"团队决心已定。"几乎没人看好的事情，我们做成了。来自全国各地的2 500人，没日没夜拼搏了十五六年，才把梦想变成现实，这足以载入史册。"

他们的梦想是发送一个探测器到冥王星及其卫星。"探索总有惊喜，"斯特恩在"新视野号"发射前的几个月这样对我说，"此前的太空任务有很多意料之外的收获，比如火星的河谷、木卫一（Io）的火山和土卫六（Titan）的湖泊。你问我冥王星和冥卫一（Charon）上有什么？等着吧，一定会有奇妙的发现。"

斯特恩的预言，还有他的梦想，实现了。

---

① 迪士尼经典动画片中有条狗与冥王星同名。——全书脚注均为译者注

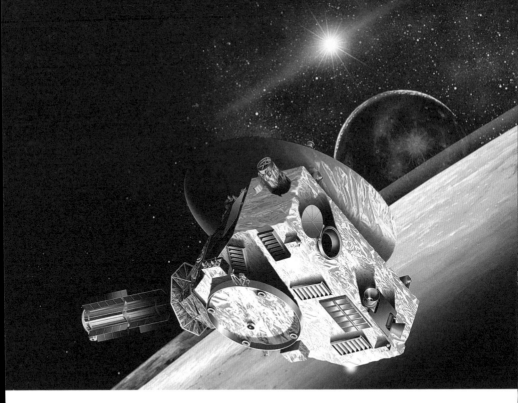

"新视野号"探测器与冥王星和冥卫一交会的艺术概念图。

图片来源：约翰斯·霍普金斯大学应用物理实验室、美国西南研究院（Southwest Research Institute，SwRI）

"新视野号"

"新视野号"是有史以来速度最快的航天器，运载工具是加装了额外助推器的"阿特拉斯5型"火箭。

"我们造了当时最小的航天器，但它五脏俱全，囊括了电力、通信、计算机、科学设备和所有系统的冗余。然后，我们把它放在我们现有最大的运载火箭上。"斯特恩说，"就它在深空中

艾伦·斯特恩与"阿特拉斯 5 型"火箭。
后者即将把"新视野号"送上前往冥王星
及冥王星外的太空之旅。

图片来源：美国西南研究院

的速度而言，这是一个野兽级组合。"

　　这个小型三角钢琴大小的探测器以大约 5.8 万千米/时的速度远离地球，前往 48 亿千米之外的冥王星，平均日行近 161 万千米。以如此风驰电掣的速度航行，它无法减速进入环冥王星轨道，所以人类对冥王星系统的首次勘测将是一次飞掠任务。这看似有点儿倒退到早期太空任务的水平了，比如"水手号"和"旅行者号"在 20 世纪 60 年代、70 年代和 80 年代曾飞掠火星、木星、土星、天王星和海王星。

　　"新视野号"于 2006 年 1 月 16 日发射升空[①]，飞速航行 9 小时后越过月球轨道，而同一段航程，"阿波罗号"花了 3 天。13 个月后，"新视野号"飞至 8 亿千米之外，在 2007 年 2 月飞掠木星，这比以往 7 次木星任务的用时都要短。"新视野号"之所以要飞掠这颗巨行星，既是出于科研需要，也是为了获得至关重要的引力助推，加速到 83 600 千米/时。

————————————

① "新视野号"的发射日期为 2006 年 1 月 19 日，原书有误。

"新视野号"疾速航行近 9 年半，穿越广袤的太阳系，到达冥王星附近。在接下来为期 6 个月的勘测中，它将接近冥王星，飞掠冥王星，调头面向冥王星系统。它与冥王星的**最近距交会**（closest approach）将发生在 2015 年 7 月 14 日。

2006 年 1 月 16 日，佛罗里达州卡纳维拉尔角空军基地，"阿特拉斯 V-551 型"火箭搭载"新视野号"探测器发射升空。

图片来源：斯科特·安德鲁斯（Scott Andrews）、美国国家航空航天局

"新视野号"距离太阳过于遥远，无法使用太阳能电池板供电。作为替代，**放射性同位素温差发电机**（radioisotope thermoelectric generator，RTG）可以把非武器级钚-238 自然衰变产生的热量转化成电能。这些热量还有保温作用，可以防止电子设备和探测器的其他部件在寒冷的深空中结冻。

飞掠冥王星之后，"新视野号"将飞往柯伊伯带。这片区域位于海王星之外，与太阳的距离相当于日地距离①的 30~50 倍，

———————————

① 日地距离，约 1.5 亿千米，即 1 个天文单位（AU）。

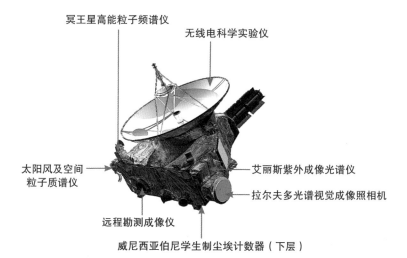

冥王星高能粒子频谱仪

无线电科学实验仪

太阳风及空间
粒子质谱仪

艾丽斯紫外成像光谱仪

拉尔夫多光谱视觉成像照相机

远程勘测成像仪

威尼西亚伯尼学生制尘埃计数器（下层）

"新视野号"探测器的有效载荷包括 7 部仪器，用于研究冥王星及其卫星的地质状况、表面成分、表面温度和大气层。

图片来源：美国国家航空航天局、约翰斯·霍普金斯大学应用物理实验室

也就是 45 亿~75 亿千米，冥王星就在这里。柯伊伯带类似于火星与木星之间的小行星带，但柯伊伯带天体（KBO）的主要成分是冰，而不是岩石。这里是冷冰冰的短周期彗星［如哈雷彗星（Halley's Comet）］的发源地。

"新视野号"强大的有效载荷包括成像仪、光谱仪和其他科学仪器，用于测绘冥王星和冥卫一的表面地图，研究它们的表面成分，分析它们周围的大气（如果有）。

发射时，"新视野号"的宣传口号是"首次探访太阳系最后一颗行星"。但是，仅仅 7 个月后，冥王星就失去了行星的头衔。

到底是不是行星？

在"新视野号"飞往冥王星的途中，发生了几件事。

"新视野号"发射时，冥王星还是一颗行星。但自 1930 年天文学家克莱德·汤博（Clyde Tombaugh）发现冥王星起，这颗远在天边的小星星始终被视作异类。它不符合内太阳系岩质类地行星[①]的标准，又因为其直径只有 2 370 千米且寒冷至极，所以它肯定也不属于外太阳系的气巨星[②]。冥王星的公转轨道也与众

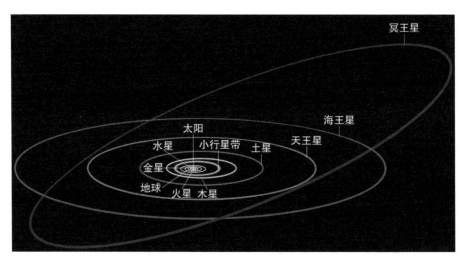

冥王星与太阳系其他行星的公转轨道对比图。
图片来源：美国国家航空航天局

---

① 类地行星，指主要成分为硅酸盐或金属的太阳系行星，包括水星、金星、地球和火星。类地行星都有坚硬的表面。
② 气巨星，又称类木行星，指主要成分为氢和氦的太阳系行星，包括木星和土星。天王星和海王星曾被归为类木行星，但 1990 年天文学家发现，它们的主要成分为结冰的氧、碳、氮和硫，应划入新的类别，即冰巨星。

不同，天文学家称之为**偏心轨道**（eccentric orbit）。太阳系其他行星的运行轨道近似圆形，与黄道面在同一个平面上，而冥王星的运行轨道呈扁椭圆形，与黄道面有很大的夹角。

最大的外海王星天体与地月系统的体积对比图。

图片来源：凯文·吉尔（Kevin Gill）。地球：美国国家海洋与大气管理局（NOAA）、美国国家航空航天局、威斯康星大学、索米极轨气象卫星（Suomi NPP.）。月球：美国国家航空航天局。冥王星和冥卫一：美国国家航空航天局、喷气推进实验室、美国西南研究院

　　当然，冥王星距离我们如此遥远，即便在哈勃空间望远镜（Hubble Space Telescope）质量最佳的图像里，也只是模糊一团。无人知晓冥王星的真面目。"新视野号"的目标之一是研究冥王星和冥卫一怎样融入太阳系。

　　早在几十年前，斯特恩和其他行星科学家就推测，冥王星不是那片遥远空间里唯一的天体。太阳系怎么会到冥王星那里突然耗尽了所有物质呢？这不合理。另外，既然柯伊伯带被看作彗

星诞生地，那凭什么不能有其他天体呢？

斯特恩在 1991 发表的论文中提出，柯伊伯带很可能有数百个类似冥王星和海卫一（Triton）的冰冷小天体尚未"露面"。海卫一可以算作冥王星的孪生兄弟，科学家认为它曾经是一个柯伊伯带天体，在飘荡出柯伊伯带后被海王星的引力捕获，成为海王星的卫星。在论文中，斯特恩使用**矮行星**（dwarf planet）一词来指代一个新的行星子类，以便把冥王星和有待发现的大型柯伊伯带天体都合理地划入这个子类。

仅一年后，也就是 1992 年，人类首次发现柯伊伯带天体——一个直径 161 千米的小天体，这证实了斯特恩的猜想。此后，天文学家陆续发现了几百个柯伊伯带天体。按照目前的估计，这样的天体可能有几千个。这就牵扯到冥王星的地位问题了，因为它似乎只是冰冷小天体大家族的一员而已。目前认为，从 46 亿年前太阳系诞生时起，柯伊伯带天体便从未改变过，所以研究冥王星可以为我们了解太阳系行星的形成条件提供线索。正因如此，斯特恩极力推动冥王星任务。

10 年后，随着更强大的望远镜和其他更先进的观测技术的出现，科学家在柯伊伯带发现了体积与冥王星更为接近的天体。加州理工学院的天文学家迈克·布朗和查德·特鲁希略（Chad Trujillo）发现了一个体积为冥王星一半的天体，并将其命名为创神星（Quaoar，读作"夸奥尔"，是一位古老的神）。新发现接踵而至：2003 年发现了赛德娜（Sedna），2004 发现了妊神星（Haumea），2005 年发现了阋神星（Eris）和鸟神星（Makemake）。阋神星的发现最为关键，因为它与冥王星几乎一般大。

暗涌多年的争论变得激烈而又严肃起来。这些新发现的大型柯伊伯带天体也都应该被划为行星吗？还是应该引入一个新的类别，将冥王星及其附近的类似天体全都包括在内？

奇怪的是，当时并没有正式的行星定义。随着一个又一个柯伊伯带天体被发现，冥王星和这些天体的定位亟待明确，定义行星这件事遂被提上议程。作为此类案例的仲裁人和决策机构，国际天文学联合会（International Astronomical Union，IAU）在2006年8月召开全体大会投票表决（投票究竟是一轮还是多轮，现在仍有争议）。

投票者有3个选项：

1. 同意阋神星、鸟神星和最大的小行星谷神星（Ceres）加入行星俱乐部，太阳系行星的总数增加到12颗；

2. 保持原来的九大行星不变，暂时不管那些新发现的柯伊伯带天体；

3. 把冥王星踢出行星阵营，太阳系行星总数减少到8颗，同时创建矮行星这个新的天体类别。

这里所说的矮行星与斯特恩1991年的定义是有区别的，而正是这个区别最终将冥王星踢出了行星俱乐部。按照国际天文学联合会的定义，矮行星根本不是行星，也不是一个行星子类。按照这个定义，冥王星和它的小伙伴们是与行星截然不同的天体。

为便于投票者做出选择，国际天文学联合会给出了太阳系行星的定义。一颗太阳系行星必须满足以下3个条件：

1. 绕太阳运行；

2. 具有足够大的质量和引力使其自身保持球形；

3. 已清除其轨道周围的太空碎片。

冥王星符合前两个条件，但不符合第三个。一个天体若能**清除其轨道周围的碎片**，那说明它在其引力范围内居于支配地位。也就是说，除了它自己的卫星之外，附近不会存在体积与它旗鼓相当的天体。冥王星与其他柯伊伯带天体共享轨道邻域，所以被降到新创建的矮行星这个类别。

这一决定引发了天文学家与行星科学家之间的唇枪舌剑，而斯特恩就处在这场冥王星保级大战的最前线。

"天文学家并不是行星科学领域的专家，说起 2006 年的那

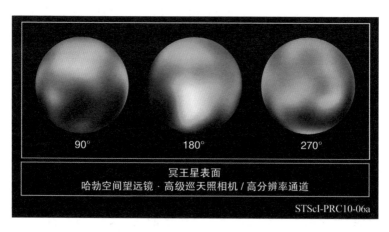

90°　　　　180°　　　　270°

冥王星表面
哈勃空间望远镜·高级巡天照相机 / 高分辨率通道

STScI-PRC10-06a

这是"新视野号"任务之前质量最高、最细致的冥王星表面图像，素材取自美国国家航空航天局哈勃空间望远镜在 2002 年至 2003 年拍摄的多张图像。由于冥王星体积小且距离遥远，所以分辨其表面细节的难度不亚于从 64 千米外看清一个足球上的标记。

图片来源：美国国家航空航天局、欧洲空间局和美国西南研究院的马克·布伊（Marc Buie）

次大会，他们纯粹是用一个有严重缺陷的太阳系行星定义和一大堆屁话糊弄了公众。真要按照他们的定义，连地球也得从行星阵营滚出去。"斯特恩说，"一周后，几百名行星科学家——这可比参加投票的人还多——签署了一份请愿书，要求废除这个定义。如果你去参加行星科学会议，听到有关冥王星的讨论，你会发现专家们还是把冥王星称作行星。"

斯特恩以及那些跟他一样穷半生之力研究冥王星的科学家，把这次重新分类视为奇耻大辱。直到今天，这群**冥王星保级党**（Pluto Mafia）连同其他科学家，仍在抵制国际天文学联合会的行星定义。他们认为，国际天文学联合会在定义行星的时候，应该基于天体的表面特征和其他基本属性，而不是轨道特征，同时国际天文学联合会也不应该否认矮行星是行星的一个子类。

虽然从学术角度来说冥王星已被降级，但公众似乎更喜欢它了。冥王星行星地位的捍卫者上街抗议，表达不满。斯特恩和冥王星保级党始终坚持立场，希望"新视野号"有一天能够为他们钟爱的这颗小星星正名。

"新视野号"发射前夕和航行途中还发生了另外一件事。人类又发现了4颗冥王星的卫星。冥卫一是冥王星最大的卫星，发现于1978年，大小差不多是冥王星的一半。事实上，冥王星与冥卫一围绕二者的质心转动，所以常被称作双子行星，现在有时也称双矮行星系统。

2005年，正在为"新视野号"任务做准备的科学家用哈勃空间望远镜搜索冥王星的周边区域，发现了两颗极小的卫星——它们现在的名字是冥卫二（Nix）和冥卫三（Hydra）。2011年，

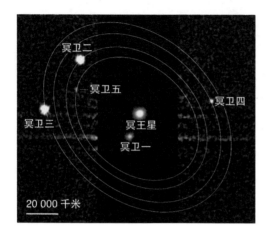

冥王星另外 4 颗较小的卫星围绕着冥王星和冥卫一的共同质心转动。图像由哈勃空间望远镜拍摄。

图片来源：美国国家航空航天局、空间望远镜科学研究所(Space Telescope Science Institute, STScI)、马克·肖沃尔特(Mark Showalter)

人们在冥卫二和冥卫三的轨道之间发现了冥卫四（Kerberos）。2012 年，人们又发现了冥卫五（Styx）。

这些发现使"新视野号"研究团队意识到，几十亿年前，在热闹的冥王星系统中，可能发生过一次撞击，形成了更多的卫星和一个环或碎片场。任何碎片都会对"新视野号"造成威胁。研究团队开始用哈勃空间望远镜搜索碎片，后来"新视野号"自带的仪器也被派作此用。此外，研究团队还需要制订方案，应对潜在的碎片撞击。随着"新视野号"稳步飞向冥王星，这项工作也被添加到原本已经很长的任务清单中。

争分夺秒

哈尔·韦弗（Hal Weaver）是"新视野号"任务的项目科学家，也是斯特恩多年的同事和朋友。2016 年年初，我来到马里兰州劳雷尔市，在约翰斯·霍普金斯大学应用物理实验室拜访他。这里是"新视野号"探测器的诞生地，也是任务操作中心的所在地。

当时韦弗沉思着说，心理测试已经证明，虽然人人都觉得自己能够同时执行多项任务，但实际上大多数人做不到一心多用。

"艾伦是个例外，"他说，"在我认识的人里，唯独他能做到。"

除了负责"新视野号"任务的启动和监督，斯特恩还身兼数职。他是美国西南研究院的副院长；该院位于科罗拉多州博尔德市，是一所覆盖行星科学、天体物理学等多个领域的科研机构。他还是莱曼-阿尔法测绘仪（Lyman Alpha Mapping Project，LAMP）和艾丽斯紫外成像光谱仪（Alice）的项目负责人，前者安装在月球勘测轨道飞行器（Lunar Reconnaissance Orbiter，LRO）上，后者安装在欧洲空间局的"罗塞塔号"（Rosetta）彗星探测器上。他还担任多所大学和多家航空航天公司的顾问。在2007年和2008年，他作为美国国家航空航天局副局长，指挥了那两年的所有太空和地球科学项目。此外，他跟人合办了几家公司，其中纵览寰宇公司（World View）的主营业务是用高空气球把游客带到地球与太空的交界地带，金色道钉公司（Golden Spike）则帮助协调前往月球的商业任务。他还参与创立了太空教育公司 Uwingu，该公司通过出售系外行星和火星陨坑的冠名权为天文学研究筹集资金，但这种做法非官方行为，也存在一定争议。他支持亚轨道研究，曾帮助维珍银河公司（Virgin Galactic）等私人企业设计亚轨道飞行机载科研仪器。早在20世纪 90 年代，他就接受过宇航员训练，但一直没有机会进入太空，所以他希望能亲自参加几次执行科研任务的亚轨道飞行。

正因如此，斯特恩荣登美国《时代》周刊"2007 年度全球

"新视野号"首席研究员艾伦·斯特恩在美国国家航空航天局的一次新闻发布会上发言。图片来源：美国国家航空航天局、乔尔·科斯基（Joel Kowsky）

"新视野号"项目科学家哈尔·韦弗在一次媒体吹风会上发言。图片来源：美国国家航空航天局、比尔·英戈尔斯（Bill Ingalls）

百位最具影响力人物"榜单，并在 2016 年再度进入候选名单。

"我不知道艾伦是怎么做到的。"韦弗说，"他有助理帮忙，但他的助理一定还有自己的助理！总之，他是个了不起的人，这

没的说。他精力充沛，简直无人能及。他参与了那么多事情，我真是望尘莫及。"

韦弗感觉，自 2002 年加入"新视野号"团队以来，他连一分钟的空闲都没有。要想抓住木星与冥王星连成一线的宝贵机会，任务团队必须赶在 2006 年将"新视野号"发射出去。凭借木星的引力助推，"新视野号"前往外太阳系的航行时间将缩短 3 年。

"为了保证按时发射，我们做了大量的激励和动员工作，"韦弗回忆说，"但这意味着在开发阶段，我们几乎天天都要开会，真是难以想象。我记得，从组装单个仪器，到把所有仪器整合到探测器上，这中间有无数个星期天的早上，我们都是在开会中度过的。"

另一位公认的工作狂是"新视野号"任务的有效载荷经理，来自美国西南研究院的比尔·吉布森（Bill Gibson），星期天晨会就是这个家伙的"杰作"。不过，星期天晨会至少对韦弗和斯特恩来说不是问题。

"艾伦和我都是习惯早起的人，再说我们挺喜欢周末的，能干不少活儿呢。"韦弗笑着说。

"新视野号"发射后，他们的工作节奏并没有慢下来。在探测器长达 9 年半的航行中，他们始终忙忙碌碌，这太令人惊讶了。

"发射前，我们忙着组装硬件，再把探测器弄到发射台上。"韦弗说，"冥王星的观测序列必须仔细规划，同时还要为观测木星做准备，因为再过 13 个月，'新视野号'就飞到木星了。"

飞掠木星不仅可以通过引力助推给"新视野号"提速，还为"新视野号"与冥王星交会提供了一次热身机会。

　　"观测木星并没给我们太大的压力，"韦弗说，"因为我们压

木星和木卫一的合成图，"新视野号"在 2007 年年初飞掠木星时拍摄。木星表面可见"大红斑"，木卫一北部的陀湿多火山（Tvashtar）正在大规模喷发。这张照片登上了 2007 年 10 月 12 日那期《科学》杂志的封面。

图片来源：美国国家航空航天局、约翰斯·霍普金斯大学应用物理实验室、美国西南研究院

根儿没期待会有什么了不得的科学成果。"

这是一个追求极致的团队，所以他们给"新视野号"安排了一大堆木星观测任务。

韦弗还是"新视野号"远程勘测成像仪（Long Range Reconnaissance Imager）的首席科学家。远程勘测成像仪有一部伸缩式相机，既可以远距离拍摄全景图像，也可以拍摄包含地质数据的近景照片。

"我们把这部成像仪设计得特别灵敏，因为冥王星那里的阳光强度只有地球的千分之一。"韦弗解释说，"我们原以为它太过灵敏，无法对木星成像。"

发射后不久进行的测试证明，这部成像仪"多才多艺"。他们唯一要做的调整是把曝光时间缩到很短，而起初他们以为调不到这样短。

"果不其然，它的表现相当完美，我们便放心地安排'新视野号'在飞掠木星时满负荷观测。"韦弗回忆说，"正因为'新视野号'恰好飞掠木星，完成了一系列可遇不可求的观测，我们才获得如此丰富、优质的科学数据，登上《科学》杂志的封面（相当于摇滚歌星登上《滚石》杂志的封面）。"

基于这次成功的木星飞掠和观测，科学团队力争突破原计划，增加冥王星观测任务的种类和内容。

"项目经理格兰·方丹（Glen Fountain）抱怨个不停，说我们一心琢磨着给工程师添活儿。"韦弗笑着说，"但这可是我们获得冥王星数据的唯一机会，想要不留遗憾，我们就必须让'新视野号'密集观测。"

科学团队希望在原始规划的基础上将冥王星的观测任务量翻番，而这要求所有仪器的观测序列精确到秒。因此，"新视野号"在途中进行了大量的调试。

此外，科学团队还得解决潜在的太空碎片问题。

"一颗灰尘大小、直径 1 毫米左右的颗粒就能把探测器撞出一个洞，把任务搞砸。"韦弗说，"但随着研究不断深入，我们越来越放心了。"

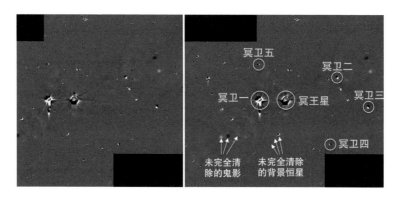

上面的图像最终证明，穿越冥王星系统的航道上没有障碍物。图像由远程勘测成像仪拍摄于 2015 年 6 月 26 日，成像位置距冥王星 2 150 万千米。
图片来源：美国国家航空航天局、约翰斯·霍普金斯大学应用物理实验室、美国西南研究院

分析表明，颗粒撞击导致任务失败的概率比原先预想的要低。科学团队设计了一条更安全的飞行路线。如果有必要，"新视野号"还可以调整飞行姿态，让碟形通信天线转到前面充当保护盾。

"我们把颗粒撞击导致任务失败的概率降到了千分之一以

下。"韦弗说，"我们很放心，但并没有完全放松。我们继续用远程勘测成像仪不间断地搜索碎片，在'新视野号'到达冥王星的时候，我们对冥王星系统的搜索深度是哈勃空间望远镜的100倍，但仍然什么都没发现。"

还有一个挑战在于探测器的导航，因为科学家们不知道"新视野号"到达时冥王星的准确位置。冥王星绕太阳运行一周需要248年，而天文学家直到1930年才知道它的存在，所以我们只看到过其公转轨道的很小一部分。

"这个挑战不是所有太空任务都会遇到的。"此项任务的公共信息官迈克尔·巴克利（Michael Buckley）说，"通常情况下，你能够掌握观测目标的位置。飞掠的时刻和位置必须精确计算，误差不能超出一块只有100千米×150千米大的假想空间。我们还要处理通信延迟问题，因为就算无线电以光速传播（即30万千米/秒），信号从'新视野号'传到地球也需要4.5小时。"

在整个任务期间，"新视野号"的导航员不断改进计算，直到定点飞掠的前几天才停止计算。计算结果必须正确，否则"新视野号"将会错过观测目标。

团队上下忙得不亦乐乎，"新视野号"则在冬眠中度过了三分之二的航程。冬眠减轻了部件损耗，降低了"新视野号"在飞掠冥王星的关键时刻出现系统故障的风险。"新视野号"每年至少被唤醒一次，进行系统检查和仪器校准。

失联

艾丽斯·鲍曼（Alice Bowman）是 MOC 的 MOM。按照美国国家航空航天局的缩略语表翻译，她是"新视野号"的任务操作经理（MOM），在设于应用物理实验室的任务操作中心（MOC）工作。

她带我参观应用物理实验室 13 号楼的那天，整个任务操作中心安静又昏暗，只听见计算机风扇呼呼转动的声音，只看见一块块显示屏发出的亮光。鲍曼说，在 2015 年 7 月 14 日，也就是"新视野号"与冥王星的交会日，这里完全是另一番景象，任务操作中心和隔壁的办公室"快被科学家、摄像机和局里的要员挤爆了"。

相比之下，控制室现在如此安静。"这里暂时没什么人，"鲍曼说，"可见我们确实有能力把成本降到预算内。"这是美国国家航空航天局批准该任务的原因之一。

"新视野号"任务操作经理艾丽斯·鲍曼在"新视野号"完成飞掠后的媒体吹风会上。
图片来源：美国国家航空航天局、比尔·英戈尔斯

成本能够成功削减还有一个重要原因，那就是与"信使号"（MESSENGER）任务共用指挥场所。"信使号"探测器绕水星运行 4 年，任务已于 2015 年 4 月结束。

"'信使号'团队抱怨来回 20 分钟的通信延迟，我们看着他们，故作惊讶地说：'真的吗？'"鲍曼微笑着说。

如前所述，飞掠冥王星时，"新视野号"与地球之间的双向通信需要 9 小时，也就是发送和接收各 4.5 小时。无线电信号以光速传播，这说明冥王星距离地球将近 48 亿千米。随着"新视野号"越飞越远，通信延迟会越来越长。

"与相隔如此遥远的探测器协同，这无疑是个挑战。"鲍曼说，"我总是说，在任务操作中心工作时，由于有时差，你需要有分裂的人格。你必须得知道，从地球发出的指令，上传到探测器时它在哪儿。"

幸运的是，"新视野号"没怎么出过故障。

除了那一天……

那是 2015 年 7 月 4 日，距离"新视野号"飞掠冥王星仅剩 10 天。鲍曼和她的团队早早来到任务操作中心，把被称为**核心载入**（core load）的特殊指令序列上传到"新视野号"。这个指令序列包括 20 799 条指令，控制着科学观测、微小的航线修正、危险碎片扫描等 461 项任务，覆盖为期 10 天的密集观测——接近过程 7 天，重头戏飞掠观测 1 天，飞离并回头观测 2 天。

"我们从凌晨 4 点半开始上传指令，"鲍曼说，"以光速计算，我们应该在大约 9 个小时后得知'新视野号'是否收到指令。"

突然间，他们与"新视野号"的通信断了。

艾丽斯·鲍曼和"新视野号"首席任务操作规划工程师卡尔·维滕伯格（Karl Whittenburg），两人正在等待飞往冥王星的"新视野号"传回数据。

图片来源：美国国家航空航天局、约翰斯·霍普金斯大学应用物理实验室、美国西南研究院

　　鲍曼说，她首先想到了地面接收站。所有行星任务的通信都是通过**深空通信网**实现的。该网络在美国加利福尼亚州戈尔德斯顿、西班牙马德里和澳大利亚堪培拉设有极为灵敏的深空通信天线。通过这样的战略布局，三地的通信站以接近 120 度的经度间隔分布。这样，地球即使在不停地自转，也始终能与探测器保持通信。[①]

　　"我们之前也碰到过异常情况，"鲍曼说，"通常是因为地面站出了点儿小故障，不是探测器的问题。"但这次不同。彻查结

① 有关深空通信网（Deep Space Network, DSN）的更多介绍，参见本书第四章有关内容。

果表明，地面系统一切正常，问题出在"新视野号"身上。

"我心里七上八下的，"鲍曼回忆道，"但工作不能停啊。你只能深吸一口气说：'好吧，让我们把过去 9 年半学来的东西都用上吧。'我很清楚这个团队的实力，尽量让自己把注意力都放在积极的方面。"

斯特恩、韦弗和其他任务经理都被请过来了，鲍曼也将她的专家团队召集在一起，包括首席任务操作规划工程师卡尔·维滕伯格、任务系统工程师克里斯·赫斯曼（Chris Hersman）、制导和控制工程师加布·罗杰斯（Gabe Rogers）、机载计算机软件负责人史蒂夫·威廉斯（Steve Williams）和"新视野号"自主运行软件负责人布赖恩·鲍尔（Brian Bauer）。

此时此刻，最关键的就是重新建立与"新视野号"的通信，以便获取它的运行状态信息，并确定飞掠冥王星的指令序列是否成功上传。飞掠将于 3 天后开始，时间所剩无几。

所有航天器都有一个被称为**安全模式**的特殊操作系统。当航天器的自主运行管理系统侦测到严重问题，需要地面操作中心干预时，航天器会启用安全模式。在某些情况下，自主运行系统会从主计算机切换到备用计算机，航天器按既定程序把通信天线指向地球，用遥测信号把自身的状态信息传回地面并呼叫帮助。

"新视野号"当时就是这种情况。失联 77 分钟后，通信恢复，任务操作中心又能接收到遥测数据了。

鲍曼说："我实在不愿意回想那 77 分钟，但重新收到信号的那一刻着实令人喜出望外。我们有把握排除故障，但关键是能不能在飞掠探测序列启动前及时排除。"

遥测数据表明，当时"新视野号"的计算机正在同时执行数据压缩、软件加载、对地数据传输等多项任务，处理器不堪重负。

"这些操作指令十分密集且同时下达，处理器的速度跟不上。"鲍曼说，"自主运行管理系统侦测到滞后状况，判断是主计算机出了问题，于是下达指令，切换到备用（或辅助）计算机。就这样，从主计算机到地面接收站的下行链路中断了，因为系统

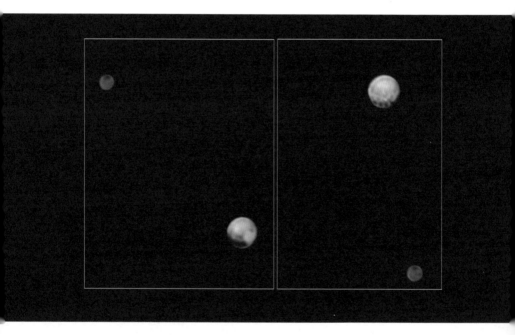

冥王星和冥卫一的近拍彩图，可见正面和背面的显著区别。图像由"新视野号"拍摄于 2015 年 6 月 25 日和 6 月 27 日。
图片来源：美国国家航空航天局、约翰斯·霍普金斯大学应用物理实验室、美国西南研究院

已经切换到备用计算机上。一旦收到探测器的遥测数据，我们就能找出问题，制订恢复计划。"

经过近 3 天的奋战，核心载入终于成功上传到"新视野号"的主计算机上。观测序列将按计划执行。

"那段时间，人人坐立不安，"鲍曼说，"好在问题解决了，结果令人欣慰。"韦弗说，这次异常"让我们更加谨慎，怀疑会不会还潜藏着别的问题"。

比如，导航计算精确吗？航天器飞到目标区域了吗？鲍曼说，航天器要在那样的环境中对导航员的发现做出响应并执行修正机动，这是让人望而却步的挑战。

"等到'新视野号'十分接近冥王星的时候，你不会再去考虑修正轨迹，因为你已经没时间确定轨迹，也没时间弄清楚航天器到底在哪儿。"她说，"执行修正机动的最后机会是 7 月 4 日。这之后，我们只有一个办法对观测施加影响——调整观测时间，而那恰恰是通信中断时我们正在上传的一部分内容。"

所幸在通信恢复之后，远程勘测成像仪拍摄的第一批光学导航图像显示，"新视野号"仍在前往冥王星的航线上，没有任何偏离。图像里的冥王星依旧模糊，但已经开始散发魅力了。

冥王星之心

在最近距交会的前夜，也就是 7 月 13 日临近午夜时分，韦弗一脸困倦地坐在办公桌前，手握鼠标，不住点击电脑上的刷新图标。他正在等待一组非常特殊的图像。在"新视野号"接近冥王星的过程中，远距离勘测成像仪将最后一次拍摄冥王星的全景图。等到靠得太近时，冥王星将会超出照相机的视场。

"我们想在第二天一早把这批图像展示给科学团队和全世界。"韦弗说，"发布会安排在第二天早上6点，我和科学团队的其他人都要参加，所以这批图像必须赶在会前处理好。我们组建了专业的图像处理小组，他们负责连夜处理图像，做好发布准备，我负责向小组提供原始图像。"

这批图像将在飞掠当天的深夜传回，而繁重的飞掠准备早已令大家疲惫不堪。韦弗回忆说，整整一个星期，每个人都在"走火入魔"似的工作，必定睡眠不足。

"我像个傻瓜一样啪啪地点着鼠标，盯着目录不停刷新，但什么也没刷出来。"

大约45分钟之后，快要累瘫的韦弗给同事打了个电话，才发现原来自己盯错目录了。

他给自己脑门上狠狠来了一巴掌，这回可算找到了文件。用他自己的话说，他连看都没看，就把文件拷进了优盘，急急忙忙穿过走廊，拿给图像处理小组。为了让小组的同事们专心处理图像，他放下优盘，掉头回了办公室。几分钟后，小组的同事们到办公室找他，带着满脸的困惑。文件不对，韦弗给的是早先拍摄的冥卫一图像。

"我跟他们说：好吧，为了不再搞错，咱们一块儿看吧。"韦弗说。大家围在他的电脑屏幕前，这是人类第一次看到如此清晰的冥王星特写。

"我们不禁屏住了呼吸，惊得下巴都快掉了。"韦弗说，"我忍不住吐了个脏字，结果还上了报纸！我后来特别后悔，可当时实在是太震惊了！要知道那是原始图像，还没着色呢，但我们已经可以看到冥王星有一个美丽的、平坦的巨大心形区域！外围有很多细节，这说明图像的内容非常丰富。我们知道，这是能让世人惊叹的成果。"

就这样，"新视野号"把冥王星从一团像素变成了一个多姿多彩、复杂多变的壮观世界。不仅如此，冥王星似乎还在用"心"向我们表达爱意。

冥王星，"新视野号"的远程勘测成像仪拍摄于 2015 年 7 月 13 日，当时"新视野号"距冥王星表面 76.8 万千米。这是"新视野号"飞掠冥王星之前发回地球的最后一张也是最清晰的冥王星图像。

图片来源：美国国家航空航天局、约翰斯·霍普金斯大学应用物理实验室、美国西南研究院

2015 年 7 月 14 日，星期二，马里兰州劳雷尔市，约翰斯·霍普金斯大学应用物理实验室，任务团队看到"新视野号"飞掠前拍摄的最后一张冥王星图像时的反应。图片来源：美国国家航空航天局、比尔·英戈尔斯

飞掠日

2015 年 7 月 14 日上午 6 时，"新视野号"科学团队在韦弗办公室楼下的报告厅集合。

"我们把新的冥王星图像投到了大屏幕上，所有人的反应都那么酷。"韦弗说，"这些科学家等这一刻已经等得太久了。图像太棒了，就算是跟'哈勃'拍摄的最清晰的冥王星图像比，也要好上 1 000 倍。"

上午 7 时 49 分，"新视野号"到达最近距交会点，距离冥王星表面不超过 12 500 千米。科学团队的家属也来到现场，大家共同举办了一场别开生面的庆祝活动。但是，无论"新视野号"当时在做什么，任务操作团队都无从知晓。为了让它集中精力收集数据，任务操作团队主动中断了与它的通信，在地球端期盼预先编写的观测序列能够有条不紊地执行。直到当天深夜，科学团队才收到"新视野号"的消息，而那时它早已越过冥王星系统。

经过 22 小时[①]漫长而紧张的等待，当晚 8 时 53 分，"新视野号"准时"打电话"回家，告诉任务团队以及全世界一切正常。这段通过深空通信网传回的消息长 15 分钟，只包含一系列工程状态信息，不含科学数据。

2015 年 7 月 14 日，马里兰州劳雷尔市，约翰斯·霍普金斯大学应用物理实验室，"新视野号"团队成员与来宾共同为飞掠冥王星倒计时。
图片来源：美国国家航空航天局、比尔·英戈尔斯

---

① 从任务团队在 7 月 13 日晚主动中断与"新视野号"的通信时算起。

接下来，"新视野号"各子系统负责人报告数据。此时，韦弗最想听两个人的报告。

一个是布赖恩·鲍尔，他负责为"新视野号"与冥王星的特殊交会模式设计自动驾驶软件。"当他说出'没有异常标记'时，那意味着就计算机而言，飞掠期间一切顺利，没有发生任何异常。"韦弗说，"这句话太悦耳了，因为飞掠期间有太多东西可能出差错。"

另一个是史蒂夫·威廉斯，他负责指令和数据处理。"他说，从遥测数据判断，飞掠过程中采集到的所有数据都已写入固态记录器，"韦弗说，"这意味着不仅所有观测都成功执行了，所有观测数据也都保存下来了。"

直到这时，韦弗才放下心来，松了一口气，因为他知道"新视野号"已经越过了冥王星系统的赤道面——最有可能发生颗粒撞击的高危区域。

令人称奇的是，尽管冥王星的确切位置充满了未知数，但是在航行了9年半、飞过48亿千米之后，"新视野号"的抵达时间仅比预计时间早80秒，抵达位置也仅比预计位置偏80千米。这说明，导航团队命中了目标区域，而且观测修正补偿已成功上传到探测器上。

鲍曼又查看了其余数据，然后宣布："探测器状态良好，现在正飞离冥王星。"

人造航天器首次飞掠行星发生在半个世纪前。1966年，"水手4号"飞越火星。不过历数所有太空任务，为执行首要任务而飞得最远的航天器，非"新视野号"莫属。

上图：2015 年 7 月 14 日，任务操作中心，在确认探测器已经成功飞掠冥王星之后，"新视野号"的飞行控制人员开始庆祝。

下图：2015 年 7 月 14 日，任务操作中心，艾伦·斯特恩喜不自胜地加入进来，跟团队一起欢庆。

图片来源：美国国家航空航天局、比尔·英戈尔斯

"这是 50 年的太空探索给我们上的一课。"韦弗反思道，"虽然我们已经能够从地球上观测太空，但要想再进一步，实现飞跃，就必须把探测器送到目标天体的近旁。"

回味

科学数据直到第二天才开始陆续传回，在接下来的几个星期里只能传回大约 5%，而且最先传回的都是低分辨率图像。要到 2015 年 9 月 5 日，"新视野号"才会开始持续超过 1 年的密集对地传输会话，将飞掠期间采集并存储到两个数字记录器中的几十 GB 数据传回地球。

"我们把'新视野号'送到那里就是为了获得这些数据，包括图像、光谱和其他类型的数据，这些数据可以帮助我们第一次深入了解冥王星系统的起源和演化。"斯特恩说，"我们发现，冥王星是一个科研仙境，仅仅是目前传回的这些图像就已经魅力四射，令人窒息。"

彩色版冥王星全景图，2015 年 7 月 13 日由远程勘测成像仪拍摄。图片来源：美国国家航空航天局、约翰斯·霍普金斯大学应用物理实验室、美国西南研究院

冥卫一的高分辨率色彩增强图像，由"新视野号"的拉尔夫多光谱视觉成像照相机拍摄于2015年7月14日最近距交会之前。图像经过色彩处理，以尽可能多地显示冥卫一多种多样的表面特征。

图片来源：美国国家航空航天局、约翰斯·霍普金斯大学应用物理实验室、美国西南研究院

直到几个月后，团队才有时间充分反思这次与冥王星的交会。

"我记得那是在7月底，艾伦走进我的办公室。"韦弗说，"他问我，这事儿是不是已经尘埃落定了。我们俩抱在一起，感叹说：'天哪，我们真的做到了！'整个任务进行得如此顺利，完美无瑕，真是太好了。这绝对是一次千载难逢的机会，也是一次奇妙的旅行。"对斯特恩来说，疯狂的节奏没有止息。在一场场会议、讲座和奔波的间隙，他还要挤出时间研究"新视野号"传回的数据。

"'新视野号'与冥王星交会的那天既真实，又魔幻。"他说，"我不停地说，'不敢相信我们真的成功了，我们都讨论多久了啊'。老实说，直到现在，我还时不时地掐掐大腿，提醒自己不是在做梦。"

最精彩、最享受的部分就是跟团队的科学家和工程师们分享这种体验，正是他们为这一天的到来付出了长期而艰苦的努力。

"团队成员专注、敬业。"斯特恩说，"经过 15 年的团结奋斗，我们已经成为一个大家庭，完成了惊人的壮举。观测结果表明，冥王星远远超出了我们最大胆的预想。这不仅是有公众切实

照片中的三个人从左到右依次是美国国家航空航天局行星科学部主任吉姆·格林（Jim Green）、"新视野号"项目经理格兰·方丹和任务操作经理艾丽斯·鲍曼。在任务操作团队确认"新视野号"成功飞掠冥王星之后，三个人一同前往新闻发布会现场。

图片来源：美国国家航空航天局、乔尔·科斯基

参与的技术成就，也是令人难以置信的科学成就！我们都被深深地打动了！"

对鲍曼来说，对飞掠日的记忆是模糊的。她和团队成员本来就严重缺觉，而飞掠日当天更是漫长而紧张。

但那天有一个特殊而美好的时刻令她记忆犹新、反复回味——探测器发回信息，任务操作团队确认飞掠成功，她与团队成员分享只有自己人才懂的喜悦。

"来宾们都散了，"鲍曼说，"任务操作中心里只剩下自己人。我们举杯庆祝，然后一同前往应用物理实验室的柯萨科夫会议中心参加新闻发布会。5分钟的路，大伙儿走得很痛快，人虽多，但都是自己人，既没有记者采访，也不是在新闻发布会上。在那私密的5分钟里，我们终于能够看着彼此说，'哇，咱们成功啦'！"

冥王星特写

"新视野号"已经掠过冥王星，正在径直奔向柯伊伯带，但对任务团队来说，飞掠之后的工作仍然至关重要，他们还是闲不下来。

"跟预想的一样，我们正在接收关于冥王星的各种科学数据，"韦弗说，"所以我们不能休息，得继续埋头苦干。"

由于距离遥远且输出功率低（探测器运行只需要200瓦的电力），"新视野号"的对地数据传输速度相对较慢，每秒只能传

冥王星伴侣平原（Sputnik Planum）的彩色特写，由"新视野号"在飞掠时拍摄。
图片来源：美国国家航空航天局、约翰斯·霍普金斯大学应用物理实验室、美国
西南研究院

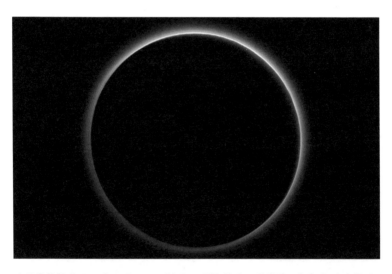

此图像拍摄于 2015 年 7 月 14 日"新视野号"与冥王星最近距交会的 15 分钟后。
当时"新视野号"已掉头对准冥王星，冥王星的后面是太阳。逆光表明冥王星的
大气层有厚厚的雾霭层。
图片来源：美国国家航空航天局、约翰斯·霍普金斯大学应用物理实验室、美国
西南研究院

输 1 000~4 000 比特。正因如此，它需要 1 年多的时间才能把所有科学数据传回地球。科学团队开发了专门的软件，用来记录所有数据集并规划对地传输日程。

"这项任务需要我们多年保持耐心，"韦弗说，"但我们知道，这份等待是值得的。"

冥王星之心依然是此次任务最迷人的成果。

"实际上，这个又大又亮的平坦心形区域是一片巨大的氮冰层，"斯特恩解释说，"我们给它起了个非正式的名字，伴侣平原，取自 1957 年苏联发射的'伴侣号'（Sputnik）人造卫星。平原四周是山脉，海拔跟科罗拉多州的落基山差不多。"

斯特恩说，这些山不可能也是由氮元素构成的，因为氮冰不够强韧，不足以形成山脉。它们可能是水冰山，表面覆盖着一层薄薄的甲烷冰。

斯特恩和韦弗最喜欢的图像是"新视野号"飞掠之后掉头拍摄的那张。"你能看到冥王星的大气层！"韦弗激动地说，"说说看，其他行星的大气层你见过几回？而且冥王星的大气层是有结构的。"

图像里的"蓝天雾"对任务团队很有意义。"这张照片只能从冥王星背对太阳的一侧拍到，"斯特恩说，"这意味着飞掠是成功的。这张照片对我们来说就像'阿波罗号'宇航员拍摄的《地出》（Earthrise）一样意义重大。"

冥王星大气层的其他图像强烈暗示了云的形成。一经证实，这将是人类首次观察到这颗矮行星上空的云，同时也意味着这个小世界的大气层可能比我们想象的更加复杂。

拉尔夫照相机兼具多光谱视觉成像仪和红外测绘光谱仪的功能，它拍下的冥王星表面全景图令人震撼。"那幅图像让人脑洞大开。"韦弗说，"我感觉自己好像身临其境，亲眼看到冥王星上的山脉。"

冥王星崎岖的冰山和延伸至地平线的平坦冰原，由"新视野号"在将近日落时拍摄。图片右侧是伴侣平原（非正式名称），图片左侧（西侧）是高低起伏的冰山，最高的有 3 500 米高。图上可见冥王星稀薄的大气层包含十几个雾霭层。图像从距离冥王星 1.8 万千米的高空拍摄，所覆盖的区域跨度为 380 千米。

图片来源：美国国家航空航天局、约翰斯·霍普金斯大学应用物理实验室、美国西南研究院

“新视野号”还发现了一个现已封冻的液氮湖，位于伴侣平原北边的一条山脉里。在冥王星大气压更高且温度略高的时候，液氮可能流经这里并积成湖。

　　此外，冥王星上还有漂浮的水冰山。水冰的密度低于以氮为主要成分的冰，所以科学家认为这些水冰山漂浮在冻结的氮海中，而且像北冰洋的冰山一样不停地移动。它们很可能是崎岖不平的高地掉下来的碎片，被氮冰河裹挟着带进了伴侣平原，最终形成冰山。

　　“我们看到冥王星仍在发生大规模的地质活动。”斯特恩说，“在太阳系，除了有潮汐能来源的地方，比如土星和木星的卫星，其他地方没有这样的现象。冥王星是太空里的一颗孤星，却仍有表面火山和大规模的地质活动。在地质意义上，伴侣平原就形成于昨天。”

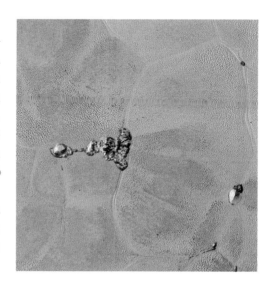

“新视野号”拍摄的高分辨率冥王星图像，可见多种表面地形，细节处的分辨率达 270 米。这是一个 120 千米的区域，表面呈纹理状的平原将一簇冰山包围起来。这簇冰山形似《星际迷航》中的克林贡猎禽舰。图片来源：美国国家航空航天局、约翰斯·霍普金斯大学应用物理实验室、美国西南研究院

"新视野号"与柯伊伯带深处某个类冥王星天体交会的艺术概
念图。

图片来源：美国国家航空航天局、约翰斯·霍普金斯大学应用
物理实验室、美国西南研究院、亚历克斯·帕克（Alex Parker）

斯特恩在公开演讲中说，他一直把冥王星称为科幻行星。

在过去的几十年，我们只能想象冥王星的样貌。如今，我
们看到了它的真面目。

"多年来，我们看到的都是冥王星的想象图，"韦弗说，
"也就是根据已知科学信息进行的艺术创作。马克·布伊、约
翰·斯宾塞（John Spencer）、莱斯莉·杨（Leslie Young）等冥
王星保级党，都会基于各自的科学看法，跟艾伦争论该用什
么颜色给冥王星画像。从20世纪80年代起，他们就知道冥
王星很有趣，但没想到通过'新视野号'看到的冥王星会如

此不同凡响。"

韦弗说，探测器和任务团队没有让大家失望，冥王星也没有。"我们没要求它美得惊天动地，但它当真就是如此惊艳。"

任务继续

"新视野号"继续穿越并扫描柯伊伯带。任务团队希望它拍到至少 20 颗柯伊伯带天体，以便研究它们的表面性质，因为这些工作无法从地球端进行。

"新视野号"任务能持续多久呢？美国国家航空航天局已批准任务延期至 2021 年，但任务团队希望可以再长一些。

"我们认为，它的电力足以支撑到 21 世纪 30 年代中期，无论是维持探测器正常运转，还是传回科学数据，都应该没问题。"鲍曼说，"唯一的制约因素是无线电信号发射器，这是个耗电大户，启动一次需要耗费大约 32 瓦的电力。因此，就算其他设备不出问题，一旦电力不足以启动无线电信号发射器，任务就结束了。"

任务的寿命还取决于能否获得美国国家航空航天局的后续资金支持。

不过就眼前来说，"新视野号"的目标是名为 2014 MU69 的柯伊伯带天体。这个冰质天体距离地球比冥王星还远 16 亿千米，直径约 45 千米。"新视野号"将于 2019 年 1 月 1 日与它近距离交会。跟飞掠冥王星相比，任务团队希望"新视野号"这次与目标天体再靠近一些。①

科学家怀疑 2014 MU69 是个原初天体，代表完全不同于冥王星的一类柯伊伯带天体。

"2014 MU69 是个古老的柯伊伯带天体，就形成于它当前的运行轨道上。"斯特恩说，"几十年来，科学家一直希望有机会研究这类天体。这将是我们能够近距离观测的最遥远的宇宙，也是'新视野号'即将为我们揭开的又一个宇宙奥秘。"

---

① 2019 年 1 月 1 日，美国东部时间上午 12 时 33 分，"新视野号"探测器成功飞掠柯伊伯带天体 2014 MU69。该天体形似雪人，绰号"天涯海角"（Ultima Thule），2019 年 11 月被正式命名为"Arrokoth"，意为"天空"。

第二章

带着"好奇"
漫游火星

惊心动魄 7 分钟

对于漫游车和无人着陆器这样的中型航天器，穿透火星大气、登陆火星表面的过程大约需要 7 分钟。在短短的 7 分钟里，航天器必须从风驰电掣般的 20 922 千米 / 时的进入速度，降到 3 千米 / 时甚至更低的着陆速度。

为此，我们需要精确的编排和设计，才能使一系列事件如同鲁布·戈德堡机械[①]一样依次发生。更可怕的是，这是一个完全程控的自主过程，没有任何来自地球端的介入。我们无法操纵远在 2.4 亿千米[②]之外的航天器，因为在这样的距离上，无线电信号从地球传到火星需要 13 分钟以上。因此，在航天器降落的 7 分钟里，预先编排好的一连串事件可能发生，也可能没发生。换句话说，最终航天器要么气宇轩昂地挺立在火星表面，要么变作火星表面上的一堆残骸。结局到底如何，地球上的我们当时无从知晓。

正因如此，执行火星任务的科学家和工程师把这段时间称为"惊心动魄 7 分钟"。

2011 年 11 月，火星科学实验室（Mars Science Laboratory，MSL）任务启动，这使如今被正式称为**进入–下降–着陆**[③]的过程更加惊心动魄。火星科学实验室的主角是重 907 千克的"好奇

---

① 鲁布·戈德堡机械（Rube Goldberg machine）是一种设计精密的复杂机械，各个组成部分依次触发，形成多米诺效应，以美国漫画家、雕塑家、工程师、发明家及普利策奖获得者鲁布·戈德堡（Rube Goldberg，1883–1970）的名字命名。
② 2.4 亿千米是"好奇号"火星车着陆时火星与地球之间的距离。
③ 进入–下降–着陆（entry, descent and landing），简称入降着陆（EDL）。

号"（Curiosity），这台六轮火星漫游车①将采用一套全新的着陆系统。

"好奇号"火星车着陆瞬间的艺术概念图。此时，"好奇号"由悬索吊在航天器下降段的下方。
图片来源：美国国家航空航天局、加州理工学院-喷气推进实验室

"好奇号"火星车着陆过程示意图。
图片来源：美国国家航空航天局、喷气推进实验室

---

① 火星漫游车，简称火星车。

到目前为止，所有火星着陆器和漫游车都遵循如下着陆程序：与巡航段分离，进入火星大气，抛掉防热大底，打开降落伞[①]，反推火箭点火，航天器进一步减速。"好奇号"本来也要采取这种方法，然而一个关键部件成就了迄今为止最复杂的着陆装置。

"空中吊车"是一个可悬停的动力下降段，它用 20 米长的高强度多芳基化合物纤维悬索将火星车慢慢放低，直到车轮在火星表面软着陆，这类似攀岩者的悬索垂降。整个过程必须在几秒内完成，而当车载计算机感受到火星车触地时，火工装置[②]割断悬索，空中吊车全速飞离"好奇号"，在远处撞地着陆。

更复杂的是，这台火星车要尝试在一个外星表面精确着陆。着陆点在一个陨坑内的一座火星山附近，这座山的海拔与雷尼尔雪山（Mount Rainier）相当。

这里有一个重要的不确定因素：工程师无法一次性依次测试整个着陆系统。此外，除非亲临火星，否则火星恶劣的大气条件和较小的重力在地球上根本无法模拟。实际着陆将是第一次使用完全悬空的空中吊车，所以很可能会遇到新问题。悬索切不断怎么办？下降段停不下来怎么办？

在此之前，这项任务已经克服了技术问题、延误、成本超支等重重困难，也顶住了反对者的愤怒指责（他们声称，花 25 亿美元造一台火星车，这等于掠夺美国国家航空航天局其他行星探索计划的资金）。但即便如此，如果空中吊车失灵，就意味着游戏结束。

---

① 实际上是降落伞先打开，然后再抛掉防热大底，原书有误。

② 火工装置，即小型爆炸装置。

2016 年 5 月 12 日哈勃空间望远镜看到的火星。此时火星距地球仅 8 000万千米。火星表面呈鲜明的铁锈色，有些区域覆盖着明亮、霜白的极盖和云，这表明火星有周期性季节变化。此图能够显示小至 32~48 千米尺度上的细节。

图片来源：美国国家航空航天局、欧洲空间局、哈勃遗产团队（Hubble Heritage Team）[空间望远镜科学研究所、美国大学天文研究联盟（AURA）]、亚利桑那州立大学的 J. 贝尔（J. Bell）、空间科学研究院（Space Science Institute）的 M. 沃尔夫（M. Wolff）

以往的火星任务

数百年来，在夜空中闪烁着红光的火星深深吸引着太空观察者。作为离地球最近的行星，火星为人类未来的太空任务和外星殖民提供了可能，因此也一直是太空探索时代人们的主要兴趣所在。迄今为止，人类已经执行了 40 多个无人火星探测任务……或者更确切地说，已经**尝试**过 40 多个任务。

把美国、欧洲、苏联（俄罗斯）和日本执行的任务都算在内，超过半数的火星任务均以失败告终。有的是发射时出师不利，有的在航行中途出现故障，有的没能进入轨道，还有的经历了惨烈的着陆。虽然最近几次任务的成功率已经远高于早期的原地探索① 任务，但是当空间科学家和工程师每每埋怨"噬星老妖"或者"火星诅咒"搞砸了任务时，他们并不完全是调侃。

不过，我们也取得了非凡的成绩。在 20 世纪 60 年代和 70 年代，"水手号"轨道飞行器和"海盗号"探测器等早期任务向我们展示了一个异常美丽但贫瘠荒芜的岩石世界，人类希望找到

"海盗号"探测器的艺术概念图。
图片来源：美国国家航空航天局、喷气推进实验室

小绿人做行星邻居的幻想从此破灭了。然而，后来的任务给人类带来了新希望。壮阔的荒凉里暗藏着过去——抑或是现在——水和全球活动的迹象，令人神往。

现在的火星表面看起来又冷又干，大气稀薄得好像你在地球上呼出的一口气，无法抵御太阳辐射的轰击。但有迹象表明，火星并非一直如此。从轨道上可以看到沟槽和错综复杂的峡谷系

---

① 原地探索，指探测器在外星表面着陆后固定在原地，不会移动。

统，这些地形特征似乎是流水冲刷而成的。

几十年来，行星科学家争论不休。这些地形特征是在灾难性事件（比如小行星撞击或者突然的气候灾变）引起的短暂湿润期形成的？还是在几百万年的岁月里，随着火星慢慢变得温暖湿润形成的？到目前为止，许多证据都是模棱两可的，两种情况皆有可能。但如果几十亿年前，火星跟地球一样拥有河流和海洋，那么或许生命在那时便已扎根。

火星漫游车

"好奇号"火星车是美国国家航空航天局送到火星表面的第四个移动航天器。第一个是重 10.6 千克的"旅居者号"（Sojourner）火星车。1997 年 7 月 4 日，"旅居者号"在一片遍布岩石的火星平原上着陆。这台微波炉大小、长 65 厘米的火星车从未踏足着陆器和基站以外 12 米的地方。它和着陆器共同构成了"探路者号"（Pathfinder）任务。任务预期寿命为一周，而实际上，这对搭档持续工作了近 3 个月，传回了 2.6GB 的数据。着陆器和火星车各拍摄了 16 500 多张和 550 张图像，对岩石和土壤进行了化学测量，还研究了大气层和气象。这次任务发现了火星曾存在温暖湿润期的痕迹。

当时正值互联网兴起，于是美国国家航空航天局决定把传回地球的照片即时发布到互联网上。这使"旅居者号"着陆成为互联网历史上最轰动的事件之一。在它着陆后的 20 天里，美国国家航空航天局网站（以及为应对大量访问需求而设立的镜像站点）的点击量超过 4.3 亿次。

"探路者号"也采用了一套不同寻常的着陆系统。工程师没有用助推器实现触地前的最后减速，而是用一个巨型安全气囊系统把着陆器包裹和保护起来。在完成与巡航段分离、进入火星大气、抛掉防热大底、打开降落伞①和反推火箭点火这套传统步骤之后，安全气囊开始充气，②着陆器从 30 米高的地方掉下来，如同一个巨大的充气沙滩球，在火星表面弹跳数次后停下。安全气囊放气，着陆器打开，火星车开出。

虽然这个着陆策略听起来有点儿疯狂，但效果出奇地好，于是美国国家航空航天局决定下一次火星车任务使用尺寸更大的安全气囊。这便是火星探测漫游车（Mars Exploration Rovers，MER）项目，包括"勇气号"（Spirit）和"机遇号"（Opportunity）这两台一模一样的火星车。每台火星车与一台乘坐式割草机差不多大，长 1.6 米，重约 185 千克。2004 年 1 月 4 日，"勇气号"在火星赤道附近成功着陆。三个星期后，"机遇号"在火星的另一端弹跳着陆。任务目标是寻找火星上曾存在水的证据，而两台火星车都有重大发现。"机遇号"发现了古代水成岩石露头③。"勇气号"发现了不同寻常的菜花状硅质岩石，这些岩石可能是我们了解潜在古代火星生命的线索，科学家仍在对它们进行分析和研究。

---

① 实际上是降落伞先打开，然后再抛掉防热大底，原书有误。
② 实际上，安全气囊充气发生在反推火箭点火之前，原书有误。
③ 露头（outcrop），指岩石、矿脉和矿床露出地面的部分。

喷气推进实验室火星园里的三代火星漫游车。火星园模拟火星的地形，研究团队和飞行团队在这里测试现役火星车和新任务的原型火星车。前方：第一台火星漫游车"旅居者号"的备份车。左边：火星探索漫游车项目的测试车。右边：火星科学实验室（即"好奇号"）的测试车。

图片来源：美国国家航空航天局、加州理工学院-喷气推进实验室

"探路者号"着陆点阿瑞斯谷（Ares Vallis）全景图。图片下方是着陆器的太阳能电池阵列。"旅居者号"火星车靠在一块岩石上。地平线处的远山距离着陆器约1千米。

图片来源：美国国家航空航天局、喷气推进实验室

工程师测试巨大的多瓣安全气囊。它由 4 个大气囊组成，每个大气囊又有 6 个相互连接的小气囊。整个气囊直径 5 米，可以在"探路者号"着陆时起保护作用。

图片来源：美国国家航空航天局、喷气推进实验室

火星表面的鹰坑（Eagle Crater），"机遇号"火星车在此着陆。图中可见放气后的安全气囊（陨坑中央的白色物体）、火星车和机械臂留下的痕迹以及太阳能电池阵列的一部分（左下角）。

图片来源：美国国家航空航天局、加州理工学院-喷气推进实验室

令人难以置信的是，在我写下这段文字的时候，"机遇号"仍在工作。它的累计行驶距离超过了一场42千米的全程马拉松，现在它正前往一个名为"奋进坑"（Endeavour Crater）的大陨坑。[①]在2010年的火星寒冬里，"勇气号"陷进沙坑，失去了动力。两台火星车都远远超过了90天[②]的设计寿命。

不知为何，每台火星车都表现出一种独特的"个性"，或者换个更合适的说法，是人类赋予了它们不同的个性。"勇气号"是一个问题儿童，容易大惊小怪，必须费力争取才会有所收获。"机遇号"则是一个出身优越的小妹妹，成绩斐然，新发现于她而言仿佛唾手可得。它们并没有被赋予"讨人喜欢"这一个性，却照样惹得小朋友和资深太空迷神魂颠倒。火星探索漫游车项目经理约翰·卡拉斯（John Callas）把这对孪生火星车称为"太阳系中最最可爱的两个小家伙"。它们坚强不息，勇往直前，每天在火星上艰难跋涉的同时，还把火星明信片寄给地球。为此，它们成了地球人的挚爱。

---

① 2018年6月10日，"机遇号"火星车在一场遮天蔽日的沙尘暴中失联。此后，任务团队多次尝试与它恢复联系。2019年2月12日，任务控制团队发出最后一组指令，依然没有收到任何答复。2月13日，美国国家航空航天局宣布"机遇号"火星车任务正式结束。"机遇号"服役14.5个地球年，行驶距离超过45千米，在火星表面发现了液态水曾存在的明确迹象。

② 准确地说，它们的设计寿命是90个火星日。

"好奇号"火星车

　　长久以来，人类梦想着踏足火星，但至今尚无法实现。要登上火星，我们需要更强大、更先进的火箭和航天器，还需要更尖端的生命支持和作物种植技术。如果要在火星上建立人类居住地，我们必须将巨大的有效载荷运往火星，而时至今日，我们依然没有这个能力。

　　我们一边努力钻研上述问题，一边向这颗红色行星派出一个堪比地质学家的无人探测器——"好奇号"火星车。它跟小汽车一般大小，上面配备了17部相机、一台冲击钻、一个采样刷、一台机械臂末端透镜成像仪和一台激光器。这些设备相当于地质学家在地球上研究岩石和矿物会用到的工具。此外，它还能模

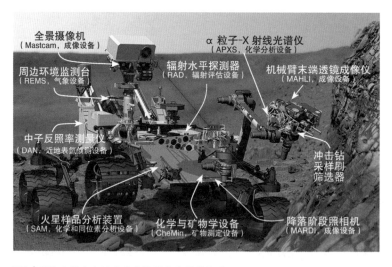

"好奇号"火星车上的各种成像设备和科学仪器。

图片来源：美国国家航空航天局、加州理工学院-喷气推进实验室

仿人的活动，比如登山、进食（比喻意义上）、动动胳膊（机械臂）和自拍。

这位在火星上漫步的"机器人地质学家"还是一个移动的化学实验室。10部车载仪器可以搜寻作为原始生命物质的有机碳，"闻一闻"火星的空气，"看一看"是否存在甲烷之类的气体——生命存在的迹象。"好奇号"的机械臂好似一把瑞士军刀，所需工具应有尽有：一个类似照相机的放大镜，一台用来测量化学元素的光谱仪，还有一台给岩石钻孔的冲击钻，为火星样品分析装置和化学与矿物学设备提供样品。化学相机（ChemCam）的激光能够在7米外把岩石汽化，然后根据其光谱确定矿物成分。此外，火星车上还有一个气象站和一台辐射监测设备。

"好奇号"的国际科学团队由大约500人组成，设备齐全的"好奇号"成为他们探索火星的手和眼睛。

以往的火星车使用**太阳能电池阵列**（solar arrays）收集太阳能发电，而"好奇号"与"新视野号"一样，使用放射性同位素温差发电机，反复为可充电的锂电池供电。同时，产生的热量被导入火星车的底盘，用于内部电子元件的保温。

由于体积和质量较大，"好奇号"不可能像过去那样，使用安全气囊着陆。美国国家航空航天局工程师罗伯·曼宁（Rob Manning）解释说："你没法让那么大的东西弹起来。"空中吊车是一个大胆的解决方案。

"好奇号"的使命：揭示火星几十亿年的演化过程，确定火星是否曾经，甚至现在依然支持微生物存在。

"好奇号"的探索目标：一座高5.5千米的火星山，它被

科学家称为夏普山（Mount Sharp），原名伊奥利亚山（Aeolis
Mons），坐落在直径 155 千米的盖尔坑（Gale Crater）中央。

现场参与"好奇号"着陆的人员包括美国国家航空航天局太阳系探索（Solar
System Exploration）项目执行官戴夫·莱弗里（Dave Lavery，右二）和负责
科学任务指挥部（Science Mission Directorate）的副局长约翰·格伦斯菲尔德
（John Grunsfeld，右四）。
图片来源：美国国家航空航天局、比尔·英戈尔斯

火星科学实验室飞行主任波巴克·菲尔
多西（Bobak Ferdowsi，右一），人称美
国国家航空航天局的"莫西干帅哥"，
他的星条旗莫西干发型曾在互联网上引
发轰动。
图片来源：Ustream

盖尔坑从 60 个候选着陆点中脱颖而出。火星轨道飞行器的数据表明，夏普山含有几十个沉积岩层，可能经过了几百万年才形成。这些岩层可以解释火星的地质变迁和气候演化。此外，夏普山和盖尔坑似乎都有看似由流水冲刷而成的沟槽和其他特征。

计划：火星科学实验室将在盖尔坑内一片平坦的低地上着陆，然后小心地攀登夏普山，研究山体的每个岩层，这相当于纵观火星的各个地质年代。

最大的挑战在于"好奇号"能否降落到那里，机会只有一次。

着陆之夜

2012 年 8 月 5 日是"好奇号"的着陆日。这是现代史上最受人们期待的太空事件，几百万人通过互联网和电视机观看着陆过程，社交媒体不断推送最新消息，设在喷气推进实验室的任务指挥中心给美国国家航空航天局电视台提供转播信号，着陆过程还同时在纽约时代广场和全球多个主题集会的大屏幕上现场直播。

但事件的中心位于喷气推进实验室。数百名工程师、科学家和美国国家航空航天局的官员聚集在喷气推进实验室的太空飞行操作中心（Space Flight Operations Facility，SFOF）。入降着陆团队的所有成员身穿浅蓝色马球衫，在指挥中心里盯着计算机控制台。

其中有两个人特别醒目。入降着陆团队的负责人亚当·施特尔茨纳（Adam Steltzner）梳着猫王一样的蓬皮杜大背头，在计算机控制台之间走来走去。飞行主任波巴克·菲尔多西则顶着夸张的星条旗莫西干发型。很显然，标新立异的发型已经取代了20世纪60年代的黑框眼镜和塑料笔袋，成了21世纪工程师的标志。

截至"好奇号"着陆时，阿什温·瓦萨瓦达（Ashwin Vasavada）是任务团队里任职时间最长的科学家。早在2004年，他便加入了火星科学实验室项目，担任副项目科学家，当时"好奇号"还在建造中。他当时的主要工作是与仪器设备团队合作，敲定每部仪器的目标，监督技术团队开发仪器，最后把所有仪器整合到"好奇号"上。

火星科学实验室项目科学家阿什温·瓦萨瓦达与"好奇号"火星车的全尺寸模型。

图片来源：美国国家航空航天局、喷气推进实验室

被选中的 10 部仪器各自给项目带来一组科学家。再算上工程师、工作人员和学生，总共有几百人在为"好奇号"的发射做准备。瓦萨瓦达负责协调可能影响火星实地科研的各项决策和改动，但在实际着陆的时刻，他只能眼睁睁地看着。

"我在隔壁办公室看着电视屏幕里的指挥中心，"瓦萨瓦达说，"在着陆阶段，我什么忙也帮不上。只是突然意识到，我过去 8 年的努力，还有我的后半辈子，全都押在入降着陆这 7 分钟上了。"

另外，由于无线电信号延迟，他们要在 13 分钟之后才会知道"好奇号"的真实命运。这让喷气推进实验室里的每个人都生出一种无助感。

"我貌似镇定地坐在椅子上，"瓦萨瓦达补充说，"心里却在打鼓。"

"好奇号"迅速接近火星，并开始传输状态信息。3 个环绕火星运行的前辈探测器已经各就各位，等待"新人"到来。起初，"好奇号"直接将状态信息发到位于地球的深空通信网。

为简化入降着陆期间的遥测，"好奇号"发出 128 个简单但有区别的声音，用来代表着陆进程的每一步。每当提示音响起，指挥中心的工程师陈友伦（Allen Chen）便会宣布进程。这一声说明"好奇号"进入火星大气，那一声说明下降段反推火箭点火，引导火星车飞向盖尔坑。听到头几声提示音的时候，团队成员还只是犹犹豫豫地拍手微笑，而随着"好奇号"距离火星表面越来越近，大家的情绪高涨起来。

下降到一半的时候，"好奇号"已经位于火星地平线以下，无法维持与地球的直接通信。3 个火星轨道飞行器——"火星奥德赛号"（Mars Odyssey）、火星勘测轨道飞行器（Mars Reconnaissance Orbiter）和"火星快车号"（Mars Express）——已经就位，准备获取和记录数据，并将数据转发到深空通信网。

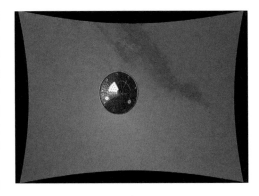

"好奇号"火星车在降落阶段抛掉防热大底。图像由位于火星车底盘较低位置的降落阶段照相机拍摄，显示的是防热大底分离 3 秒后、火星车触地约 2.5 秒前的情形。此时直径 4.5 米的防热大底距离火星车 16 米。

图片来源：美国国家航空航天局、加州理工学院-喷气推进实验室、马林空间科学系统公司（MSSS）

"好奇号"火星车的推特账号在成功着陆后发布了一条推文，大意是："我在火星表面了，很安全。盖尔坑，我在你的里面啦！！"

图片来源："好奇号"火星车的推特

　　着陆过程完美无瑕，提示音不断传回地球：降落伞打开，防热大底分离，下降段脱离降落伞，下降动力飞行启动，空中吊车开始放下火星车。

　　又一声提示音响起：车轮触地。但此刻还不能宣告成功，任务团队必须确定空中吊车成功脱离并飞走。

接着，众人期待的提示音响起。"着陆确认，"陈友伦欢呼着说，"我们安全登陆火星啦！"

在喷气推进实验室的指挥中心，在世界各地的着陆主题集会上，在社交媒体上，欢呼声几乎同时爆发出来。那一刻，普天同庆。成本超支，计划推迟，所有这些负面的东西似乎都被成功的喜悦驱散了。

"欢迎来到火星！"喷气推进实验室主任查尔斯·埃拉奇（Charles Elachi）在"好奇号"着陆后的新闻发布会上说，"'好奇号'今晚着陆了，明天就要开始探索火星了。我们的'好奇'没有尽头。"

"说实话，7分钟过得很快，"瓦萨瓦达说，"我们还没弄清楚怎么回事，'好奇号'就已经落地了。每个人都在欢呼雀跃，但其实大多数人还没完全醒过神儿来呢。"

着陆如此顺利，堪称完美，这可能让一些团队成员感到震惊。他们多次演练，实属不易，但在仿真模拟中，他们始终没能让"好奇号"着陆。

2012年8月5日（太平洋时间，夏令时），刚刚登陆火星的"好奇号"拍下了这幅图像。图片上方的山是"好奇号"的主要科学目标夏普山，下方是"好奇号"的影子，远处的暗色地带是沙丘。
图片来源：美国国家航空航天局、加州理工学院-喷气推进实验室

"我们在演练时力求精确，"瓦萨瓦达说，"想确保模拟遥测和生成的实时动画完全同步。这个过程相当复杂，演练的时候一次也没成功过。实际着陆是我们第一回成功。"

根据程序设定，"好奇号"着陆后会立即给周围环境拍照。着陆后不到两分钟，第一批图像传回地球，出现在喷气推进实验室的屏幕上。

"我们设好时间，让几个轨道飞行器在火星车着陆时低空掠过，但我们不确定这样形成的中继通信线路能不能维持到首批图像传回地球。"瓦萨瓦达说，"第一批图像的效果特别差，因为相机的防护罩还在上面，而且反推火箭激起的大量尘土堆积在防护罩上。图像虽然很模糊，但好歹是从火星来的，所以我们还是高兴得很。"

令人惊奇的是，在这批图像里，有一张恰好拍下了"好奇号"的研究目标。

"着陆时，'好奇号'的相机基本正对着夏普山，"瓦萨瓦达边说边晃晃头，"避障相机（hazard avoidance camera, Hazcam）拍下车轮之间的美妙景象，而火星车前方正是夏普山，这不就是现成的任务宣传片嘛！"

火星时间

"好奇号"的着陆时间是太平洋时间晚 10 时 30 分。任务团队没时间庆祝，立即转入任务操作，规划"好奇号"第一天的活动。

第一次规划会议于着陆次日的凌晨 1 时开始，到上午 8 时左右才结束。任务团队通宵达旦，有些人甚至连续工作近 40 个小时。对于即将过上"火星时间"的科学家和工程师而言，这是一个艰难的开端。

一个火星日，也就是一个**火星太阳日**，比地球上的一天长 40 分钟。在"好奇号"着陆后的最初 90 个火星日里，整个团队分成几班，昼夜不停地监视"好奇号"。为了跟随"好奇号"探索火星，团队成员需要持续改变睡眠周期，将每天的作息时间在前一天的基础上推后 40 分钟，这样才能与火星的昼夜更替保持同步。也就是说，如果今天是上午 9 时上班，那么明天就是 9 时 40 分上班，后天变成 10 时 20 分上班，以此类推。

经历过"火星时间"的人常说有时差感。有些人干脆睡在实验室，免得影响家人休息。还有人戴两块手表，分别显示地球时间和火星时间。大约 350 名来自世界各地的科学家参与了火星科学实验室项目，其中许多人按照火星时间作息，在喷气推进实验室里度过了"好奇号"着陆后最初的 90 个火星日。

"好奇号"着陆后不到 60 个地球日，便取得了首个重大发现。

水，水……

瓦萨瓦达在加利福尼亚州长大，常跟家人到美国西南部的州立公园和国家公园游玩。一家人在沙丘上嬉戏，在山间徒步，这些都是他美好的童年回忆。现在借助"好奇号",他可以在另一颗行星上间接体验那种美好。2016 年年初,我到喷气推进实验室拜访瓦萨瓦达,当时"好奇号"正在穿越夏普山山脚下一片巨大的沙丘群,其中有些沙丘比"好奇号"高 9 米。

纳米布沙丘(Namib Dune),高 5 米,是夏普山西北侧巴格诺尔德沙丘群(Bagnold Dunes)的一部分。轨道拍摄的大量图像表明,巴格诺尔德沙丘群每个地球年移动多达 1 米。此图是"好奇号"火星车于 2015 年 12 月 18 日(第 1 197 个火星日)拍摄的 360 度全景图的一部分。

图片来源:美国国家航空航天局、加州理工学院-喷气推进实验室、马林空间科学系统公司

"近距离观察外星沙丘的感觉太过瘾了。"瓦萨瓦达说,"越靠近夏普山,地质情况就越奇妙。那里曾经沧海桑田,我们却几乎什么都不知道……起码到目前为止还不知道。"

我拜访瓦萨瓦达的时候,"好奇号"已经在火星上工作近 4 个地球年,现在要深入地研究夏普山迷人的沉积层,但巴格诺尔德沙丘群沿夏普山的西北侧形成一道屏障。"好奇号"必须穿过这道屏障,才能到达夏普山。从这里开始,"好奇号"开始进行

瓦萨瓦达所说的"点到式科研"（flyby science）——短暂停留，选取并研究沙粒样本，同时尽快穿越这片区域。

瓦萨瓦达现在担任首席项目科学家，在任务协调方面发挥更大的作用。

"'好奇号'必须把握好平衡，既要快速、仔细、高效地完成工作，又要充分利用各个仪器设备。"他说。

自 2012 年 8 月成功着陆以来，"好奇号"已经发回了几万张图像，从全景图到岩石和沙粒的特写，所有图像都在为我们讲述火星的过去。

公众最喜欢的似乎是"好奇号"的自拍照。不同于我们用手机自拍，"好奇号"的自拍照是由火星机械臂末端透镜成像仪拍摄的几十张照片拼合而成的。火星迷尤其喜爱"好奇号"拍摄的火星美景。如同一名旅行者，"好奇号"用它的成像设备将沿途所见记录下来。

高丘（High Dune）的波纹状表面，由"好奇号"火星车的全景摄像机拍摄于 2015 年 11 月 27 日，这是人类首次近距离研究火星沙丘。夏普山的西北面，有一片沙丘群——巴格诺尔德沙丘群，它由许多移动的深色沙丘组成，高丘便是其中之一。
图片来源：美国国家航空航天局、加州理工学院-喷气推进实验室、马林空间科学系统公司

说到最喜欢的火星图像，瓦萨瓦达的选择与众不同。

"对我来说，其中最有意义的那张不怎么抢眼，"他说，"但它拍下了'好奇号'在火星上的首批发现之一，所以我对它情有独钟。"

在最初的 50 个火星日里，"好奇号"把镜头对准了地质学家所说的砾岩，也就是砾石胶结而成的岩石。这些砾石很特别，它们曾被流水冲刷。"好奇号"偶然发现了一条古老的河床，过去曾有激流。根据砾石的大小，科学团队判断当时的水流速度大约是 1 米 / 秒，水深在几英寸到几英尺[①]。

"不管你是园艺师还是地质学家，看到这张照片，你就知道这意味着什么。"瓦萨瓦达激动地说，"在家得宝（Home Depot），用于景观美化的圆形石头叫作河卵石！想到'好奇号'正在穿越一条河床，我简直兴奋得要死。从这张照片上看，很久以前确实有水流经这里，浅的地方可能到脚踝，深的地方可能接近腰部。"瓦萨瓦达边说边低头比画。"直到现在，我一想起来还是会激动得浑身发抖。"说到此处，他对探索和发现的那份热爱溢于言表。

之后，"好奇号"又发现了更多与水有关的证据。科学团队在测算之后决心赌一把。他们没有让"好奇号"直奔夏普山，而是让它绕道向东，前往一个被称为"黄刀湾"（Yellowknife Bay）的地方。

"我们通过那几个火星轨道飞行器看到了黄刀湾。"瓦萨瓦

---

① 1 英寸 ≈2.54 厘米，1 英尺≈0.3 米。

实际上，"好奇号"火星车的自拍照是由火星机械臂末端透镜成像仪拍摄的大量图像拼合而成的。成像仪位于机械臂末端，但机械臂并不会出现在镜头里，因为在拍摄分量图像时，机械臂需要移动手腕并旋转工作台。这就好比你拿相机给别人拍照时，你的手和胳膊都在相机背后。但是，火星表面可见机械臂的影子。在这张小仰角的自拍照里，火星车正在夏普山低处打钻采样，目标岩石名叫"巴克斯金"（Buckskin）。

图片来源：美国国家航空航天局、加州理工学院-喷气推进实验室、马林空间科学系统公司

裸露的火星基岩。这是火星的一种地形特征，由小块岩石胶结而成，也被地质学家称为沉积砾岩，可以证明曾有古老的河流流经此处。一些嵌在基岩里的松散砾石呈圆形，科学团队据此推断是急流把它们搬运到这里。这张照片由"好奇号"全景摄像机的100毫米远摄镜头拍摄于2012年9月14日（第39个火星日）。

图片来源：美国国家航空航天局、加州理工学院-喷气推进实验室、马林空间科学系统公司

达解释说，"那里似乎有一个河流冲积扇，如果属实，这也可以证明火星曾经有水。"

在黄刀湾，"好奇号"完成了它的主要目标之一：确定盖尔坑是否曾经适合简单的生命形式存在。答案是绝对肯定的。"好奇号"用冲击钻从两块石板上取样，然后将相当于小儿阿司匹林片一半大小的样本放入火星样品分析装置进行检测，结果发现了碳、氢、氮、氧等基本生命元素的痕迹。它还发现了不同形式的硫化物，这些有可能成为微生物的能量来源。

根据"好奇号"其他仪器设备收集的数据，我们构建出这样的景象：黄刀湾曾是一片泥泞的湖床，水质温和，非酸性；再加上有几种基本生命元素，黄刀湾在很久以前可能是生命有机体的理想栖息场所。尽管这一发现并不足以断定火星过去或现在有生命，但它证明了基本生命要素的存在，使火星在某个时期的良性环境中孕育生命成为一种可能。

"黄刀湾曾有过生命宜居的环境，这个发现意义非凡，充分展示了这项任务全方位的勘测能力。"瓦斯瓦达说，"曾经有多条河流汇入湖泊，这正是我们想要发现的，但没想到这么早就发现了。"

但是，这片湖床也可能是一次性事件的产物，形成过程不过几百年。看起来，找到水和温暖环境长期存在的证据才能算作大发现。

这份证据"好奇号"很快就找到了。对瓦萨瓦达个人来说，这份证据另有深意。

火星气候是他早年关注的一个领域，他花了多年时间建模，

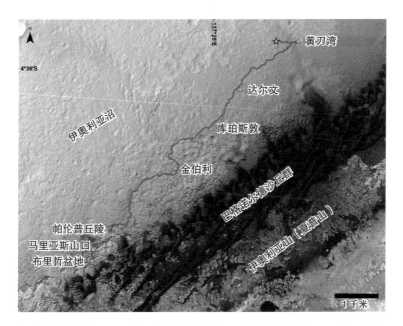

"好奇号"火星车从 2012 年 8 月的着陆点（标五角星处）行驶到 2015 年 12 月所在位置，沿途经过了黄刀湾、帕伦普丘陵（Pahrump Hills）、巴格诺尔德沙丘群等目标地点。

图片来源：美国国家航空航天局、加州理工学院-喷气推进实验室、亚利桑那大学

试图了解火星的古代历史。

"我是看着'海盗号'拍的火星照片长大的。"他说，"在我的想象中，火星是个荒凉的星球，除了参差不齐的火山岩和遍地沙子，什么都没有。后来，我做了很多火星气候方面的理论性工作，推测火星上或许有过河流和海洋，但拿不出实实在在的证据。"

正因如此，"好奇号"在 2015 年后期的发现才让瓦萨瓦达和他的团队激动不已。"河卵石和湖底淤泥的残留物不光出现在

黄刀湾，而是沿途到处都能看到。"瓦萨瓦达说，"我们先看到河卵石，之后是倾斜的砂岩，河流在那里汇入湖泊。'好奇号'到了夏普山之后，我们看到了湖底淤泥沉积而成的大片岩石。"

对于这个地区的形态（岩石和地貌的构造和演化），有一个最合理的解释：多条河流在汇入湖泊时形成了三角洲（这很可能发生在 38 亿年前至 33 亿年前），河流的沉积物缓慢地堆积起来，逐渐形成了夏普山底部的岩层。

"天哪，我们终于看到了这个完整的系统！"瓦萨瓦达解释说，"它告诉我们，夏普山底部几百米的山体是怎样由河流和湖泊的沉积物一点点堆积起来的。这不是几百年或者几千年就能完成的，整个过程需要几百万年。"

夏普山山脚的岩层，代表不同的火星地质年代。图像由"好奇号"火星车的全景摄像机拍摄于 2012 年 8 月 23 日。夏普山位于盖尔坑内，是"好奇号"的目的地。

图片来源：美国国家航空航天局、加州理工学院-喷气推进实验室、马林空间科学系统公司

除了需要时间，这个沉积过程还需要比现在浓厚的大气和温室气体。对此，瓦萨瓦达和他的团队尚未完全搞清楚来龙去脉。

这里曾经有水，但后来不知为何，气候急剧变化，水消失了，陨坑里的风将山体风化成现在的形状。

"好奇号"的着陆点选得太好了。这个区域记录了相当漫长的火星环境史，而且其中有证据表明，火星经历过一次重大的气候变化，使盖尔坑里的水彻底枯竭，只留下了沉积物。

"这些发现将极大地增进我们对火星早期气候的了解，"瓦萨瓦达说，"像陨星撞击之类的单一事件不会导致几百万年的气候变化。这对盖尔坑乃至整个火星来说都有更为深远的意义。"

其他发现

二氧化硅："好奇号"接近夏普山的时候，意外发现了富含二氧化硅的岩石。"这意味着，要么岩石里面的其他常量元素已被剥离，要么有大量外来的二氧化硅不知怎么混进来了。"瓦萨瓦达说，"不管是哪种情况都非常有意思，而且与我们之前看到的岩石大不相同。这个发现有好几重意义，非比寻常，我们得花上一段时间才能弄清楚。"

甲烷：甲烷通常是有机物活动的标志，甚至有可能是生命活动的迹象。地球大气中约90%的甲烷来自有机物的分解。多年来，其他太空任务和天文望远镜都探测到了火星甲烷，但量很小，检测仪器的读数时有时无，很难证实。2014 年，"好奇号"火星样品分析装置内的可调谐激光光谱仪（Tunable Laser Spectrometer）检测到甲烷浓度在两个月里骤然飙升 10 倍。这是什么原因导致的？"好奇号"将继续监测甲烷读数，希望得出的结果可以终结几十年来的争论。

载人太空探索的辐射风险：来自太阳和外太空的高能辐射是宇航员面临的风险之一。在航行途中以及登陆火星之后，"好奇号"的辐射评估探测器进行了辐射监测。在设计未来的载人太空任务时，美国国家航空航天局将会参考这些数据。

如何驾驶火星车

在火星上，"好奇号"怎么知道要去哪里？怎么去？你或许以为，喷气推进实验室的工程师像摇动游戏杆一样操控火星车。但与遥控驾驶和电子游戏不同，火星车司机没有即时的视觉输入和屏幕，看不到火星车的实时位置。此外，跟着陆时的情况一样，从地球发出指令，到火星车接到指令，两者之间总有一段时间延迟。

"由于通信延迟，我们无法做到实时交互式的操控。"操控团队负责人约翰·迈克尔·莫鲁基恩（John Michael Morookian）解释说。

准确地说，莫鲁基恩和这个团队的成员都是火星车路线规划师。他们与其说是操控火星车，还不如说是提前为它规划路线，编写专门的软件，然后上传指令。

"我们会参考'好奇号'拍摄的周边图像。"莫鲁基恩说，"4 部黑白导航相机提供一套立体图像，还有避障相机的照片和全景摄像机的高分辨率彩色照片，这些都能详细展示前方的地形特征，以及工作现场的岩石和矿物种类，帮助我们识别科学家可能感兴趣的构造。"

利用所有可得数据以及名为**漫游序列和可视化程序**（Rover Sequencing and Visualization Program，RSVP）的专门软件，操控团队可以创建一张三维的可视化地形图。

"这本质上是一个火星环境模拟器。我们把虚拟的'好奇号'放进全景场景中，然后模拟它沿设计路线行驶的过程。"莫鲁基恩解释说，"我们还可以戴上立体眼镜，看到三维场景，这让我们感觉好像在火星上同'好奇号'一起行进。"

在虚拟现实中，操控团队可以通过操纵场景和火星车来测试所有可能的路线，从而寻找最佳路线，同时确定需要避开的区域。他们可以让虚拟火星车犯各式各样的错误，比如陷进沙丘、翻车、撞上大石头、掉下悬崖等等，还可以不断完善驾驶指令序列，而真正的"好奇号"在火星上安然无恙。

"科学家会研究图像，寻找有趣的地形特征，然后请我们制定一条行进路线。路线确定后，我们再编写详细的指令，让'好奇号'从 A 点移动到 B 点。"莫鲁基恩说，"在此基础上，我们可以添加指令，指挥机械臂接触目标。"

根据指令，"好奇号"每晚停车 8 小时，以便核发电机为电池充电。但停车前，"好奇号"会将地形图像和科学信息等数据传回地球。在地球端，路线规划团队接收数据，规划路线，编写程序，然后将相关数据传回火星。"好奇号"第二天醒来后，先下载指令，然后恢复工作。这个过程周而复始，不断重复。

"好奇号"还有自动导航功能，可以穿越操控团队在图像里尚未看到的地方。借助自动导航，"好奇号"能够感知潜在的危险，从而有能力翻山越岭，到未知的领域去探索。

"我们不常使用自动导航功能，因为计算量太大，火星车行进起来太耗时。"莫鲁基恩说，"我们发现，与其使用自动导航，还不如等我们第二天上班看到图像，研究明白，然后让它沿着设计好的路线能走多远走多远。"

莫鲁基恩带我参观了路线规划团队的工作间，向我解释他们怎样按照多个时间表规划"好奇号"的路线。

"我们不仅要做每日路线规划，"他说，"还要做长期战略规划，后者要用到火星勘测轨道飞行器高分辨率成像科学实验设备（HiRISE）的图像。我们基于这些图像里的地形特征，选择合适的路线。这项工作具有战略性，需要考虑未来几个月的最佳路线。"

路线规划团队还要做**短程规划**（supratactical）。短程规划只考虑下一个星期，目的是管理和完善"好奇号"近期活动的类

"好奇号"火星车在"天穹"（Big Sky）的自拍照，由火星机械臂末端透镜成像仪拍摄于 2015 年 10 月 6 日（第 1 126 个火星日），当时"好奇号"的冲击钻正钻入砂岩（左下角）。
图片来源：美国国家航空航天局、加州理工学院-喷气推进实验室、马林空间科学系统公司

型。此外，由于团队里已经没有人再按火星时间作息，所以规划人员会在每周五确定未来几天的计划。

"我们周末休息，所以要在星期五规划好后面几个火星日的活动。"莫鲁基恩说，"我们分成两组，一组负责确定行驶时间，另一组确定机械臂和其他仪器的工作时间。"

不过，"好奇号"在周末传回的数据还是会有人监控。如果有问题的话，他们会请周末应急小组做更详细的评估。莫鲁基恩说，有几次他们不得不启用周末应急小组，但到目前为止，还没有出过严重的问题。"但这确实让我们保持警觉。"他说。

"好奇号"具有多种响应式安全检查手段，比如监测火星车甲板的整体倾斜度和车轮悬挂系统的循迹性①。如果车轮压到体积太大的物体，"好奇号"会自动停车。

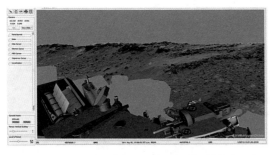

"好奇号"的导航相机每天把黑白图像发回地球，路线规划团队将这些图像与"好奇号"传回的其他数据结合起来，生成三维地形模型，然后在里面添加一个虚拟的三维火星车。这样，路线规划团队便能更好地了解火星车的位置以及图像中各种地形的规模和间距。

图片来源：美国国家航空航天局、加州理工学院-喷气推进实验室

———————————

① 循迹性（articulation），指车辆在转向过程中，因自身长度问题，在前轮转到正确角度之后，后轮还继续在前轮的带动下进行过弯动作。如果车尾迅速跟随车头转到同样角度完成过弯并且不产生任何摆动，我们就说这辆车的循迹性很好。

"好奇号"火星车的车辙可以帮助路线规划团队计算行驶距离，从而更准确地操控"好奇号"。图片中车轮孔洞留下的痕迹是 JPL 三个字母的莫尔斯电码[1]。

图片来源：美国国家航空航天局、加州理工学院-喷气推进实验室

　　"好奇号"不追求速度。它的设计行驶能力是每天 200 米，但它很少在一个火星日里走那么远。

　　到 2016 年年中，"好奇号"已经在火星表面行驶了大约 13.2 千米。

　　路线规划团队有多种方法可以确定"好奇号"的行驶距离，但**视觉里程计**（visual odometry）是最准确的。车轮上有一些孔洞，它们组成 JPL 三个字母的莫尔斯电码。"好奇号"在火星大地上行进的同时，留下这样特别的车辙，向地球老家的科学家和工程师们致意。

　　"'好奇号'大约每行驶 1 米会收集一次立体图像，视觉里程计的工作原理是比对最近拍摄的两张图像。"莫鲁基恩说，"通过匹配和跟踪图像中的各个地形特征，我们可以测量照相机（也

---

① JPL，喷气推进实验室的英文缩写，这三个字母的莫尔斯电码依次为点横横横、点横横点和点横点点。

就是火星车）在拍摄两张图像之间平移和旋转的程度，计算出它实际走了多远。"

如果仔细观察车辙，你可以确定车轮对地摩擦力的类型。在"好奇号"路过陡坡或沙地时，我们还能从车辙看出车轮有没有打滑。

不幸的是，现在"好奇号"的车轮上出现了不该有的洞。

"好奇号"的问题

任务启动至今，"好奇号"的运行状况相当理想。谈到这里，莫鲁基恩和瓦萨瓦达都满意地松了口气。目前所有科学设备都在满负荷工作，但工程团队注意到一些问题。

"大致第 400 个火星日的时候，我们意识到，车轮的磨损速度超出了我们的预期。"瓦萨瓦达说。

工程团队发现，车轮上不仅出现一些小孔，还有大洞和令人痛恨的断裂。这些严重的磨损是"好奇号"压过坚硬的锯齿状岩石时造成的。

"我们低估了这种尖头石块的破坏力。"瓦萨瓦达说，"经过测试，我们发现一个车轮可能会把另一个车轮推到岩石上，加剧磨损。现在，我们让'好奇号'更加小心地行驶，同时缩短行驶距离。我们已经把磨损控制在可接受的程度。"

在任务初期，"好奇号"的计算机几次进入安全模式。也就是说，"好奇号"的软件发现问题，"好奇号"停止行进，并给家

"好奇号"左中轮和左后轮上意外出现的孔洞。图像由"好奇号"的机械臂末端透镜成像仪拍摄于 2016 年 4 月 18 日（第 1 315 个火星日）。操控团队通过这台成像仪定期检查车轮的状况。

图片来源：美国国家航空航天局、加州理工学院-喷气推进实验室、马林空间科学系统公司

里"打电话"。

　　"好奇号"有专门的故障保护软件，负责监控所有模块和仪器。一旦出现问题，"好奇号"便会停车，并将事件记录发回地球。这些记录分为多个紧急等级。2015 年年初，"好奇号"发出一条信息，核心意思是"情况非常非常糟糕"——原来，机械臂上的冲击钻出现了类似于短路的电流波动。

　　"'好奇号'的软件能够检测到短路，这个功能类似于浴室里的接地故障断路器。"莫鲁基恩解释说，"但不同的是，它不只亮黄灯，还会明确告诉你'情况非常非常糟糕'。"

由于工程团队无法到火星现场处理问题，所以他们排除故障的方法要么是向"好奇号"发送软件更新程序，要么是更改操作程序。

"现在，我们用冲击钻的时候更加小心了。"瓦萨瓦达说，"每次用的时候不会一开始就满功率工作，而是边干边慢慢加大功率。这跟我们现在操控'好奇号'的态度差不多，但这并不耽误工作，到目前为止，还没有造成太大的影响。"

对于较软的泥岩和砂岩来说，他们更是加倍小心。莫鲁基恩说，有人担心这类岩石可能经不住标准钻探流程的冲击，所以他们把参数调到最低，但仍能保证钻头充分进入岩石。

自从"好奇号"开始上山，冲击钻的使用越来越频繁。

"好奇号"的冲击钻，位于机械臂末端的工作台。这是 2013 年 1 月 27 日（第 170 个火星日）"好奇号"第一次在火星上钻探的情形，地点在黄刀湾，图像由避障相机拍摄。

图片来源：美国国家航空航天局、加州理工学院-喷气推进实验室

此时"好奇号"正在穿越瓦萨瓦达所说的"目标丰富且非常有趣的区域",而科学团队的工作是把图像里所有事物的地质含义联系起来。

兼顾平衡

"好奇号"取道黄刀湾固然有重要收获,但距离目的地夏普山依然很远。因此,瓦萨瓦达说,任务团队让火星车"玩儿命开了一年"。

现在,"好奇号"已经登上夏普山,但任务依然繁重。它要最大限度地利用这次机会,跨越夏普山至少四个不同的岩层。每个岩层都可能成为火星史书的一章。

"夏普山太有意思了!"瓦萨瓦达说,"我们既想有了不起的大发现,又希望不断登上更高处。你必须得承认,追求前者会拖慢速度,所以我们力求二者兼顾。如果只盯着眼前的石头,你就没机会研究远处的石头了。"

瓦萨瓦达和臭鲁基恩说,他们每天都要面对一个大难题。该让"好奇号"继续攀登,还是停下来搞科研?他们要寻找两者之间的曲线拐点,或者说最佳平衡点。

如果停下来,是动用所有仪器设备全面勘测,还是做些浅尝辄止的"点到式科研"?这两者也需要平衡。

"我们尽可能多观察,并且实时给出所有假设。"瓦萨瓦达说,"我们知道,即便还有100个问题需要解答,也可以留到以后我们有了足够数据时再说。"

"好奇号"的首要目标区域不是夏普山的顶峰，而是大约400 米高的一个地方。地质学家希望在那里找到受水流影响的岩层与未受水流影响的岩层的分界线，进而揭示火星从湿到干的过渡。这对我们完整了解火星的演化至关重要。

没人知道"好奇号"到底能坚持多久。它会不会像"勇气号"和"机遇号"两位前辈那样给我们带来惊喜呢？它已经渡过了任务的黄金期，也就是一个火星年（两个地球年），目前正在延期服役。同位素温差发电机的电力是主要的决定因素。可用电力会越来越少，但瓦萨瓦达和莫鲁基恩都认为，剩余电力至少可以再坚持 4 个地球年。如果养护得当，电力或许可以支撑十几年甚至更久。

但两人都很清楚，他们根本没办法预言"好奇号"究竟能走多远，也无法预知会不会有意外事件导致任务终结。

这张自拍照的主角是夏普山，"好奇号"显得有点儿抢镜了。
图片来源：美国国家航空航天局、加州理工学院-喷气推进实验室、马林空间科学系统公司，贾森·梅杰（Jason Major）编辑

野兽

"好奇号"也跟以往那些火星车一样具有鲜明的个性吗？

"其实没有，我们似乎不大喜欢把它拟人化，这跟'勇气号'和'机遇号'的情况不一样。"瓦萨瓦达说，"我们跟它之间没有情感联系，社会学家还把这当成课题来研究呢。"他忍不住笑着摇了摇头。

瓦萨瓦达指出，这可能与"好奇号"的大小有关。

"我把它看作一头巨兽，"他一本正经地说，"但我绝对没有贬义。"

他说，这项任务的特点就是方方面面都很复杂。500 人既要相互配合，又要发挥各自的专长。他们既要保证火星车安全和正常工作，又要保证 10 部车载仪器正常运行，而这些仪器执行的往往是彼此毫不相干的科研任务。

MAHLI image mosaic from April 27, 2013 (Sol 613)
Credit: NASA/JPL-Caltech/MSSS
Edited by Jason Major

"我们每天都要确保所有环节不出错，对我们来说，每天都是'惊心动魄 7 分钟'。"瓦萨瓦达说，"有无数潜在的、相互关联的问题，你必须时刻排查所有可能会出岔子的地方，因为问题指不定会从哪儿冒出来。这可是精细活儿，不好练啊，还好我们有这样一个优秀的团队。"

　　然后，他笑着补充说："就算'好奇号'是头野兽，跟我们没有什么情感联系，这项任务也一样令人振奋。"

第三章

改变一切:
伟大的哈勃空间望远镜

凝望星辰

从古到今，为一览苍穹，天文学家如同踮脚远眺的孩童，竭力向高处攀登，把望远镜从屋顶架到了山顶。然而在地球上，无论把望远镜架在哪里，你都无法完全摆脱地球大气的干扰。我们大多数人感谢大气层对地球生命的保护，但对于透过望远镜观察星空的人来说，把地球包裹严实的大气层仿佛是一道无法破解的魔咒。

不稳定的大气湍流会任意弯曲星光，引起所谓的**大气畸变**（atmospheric distortion），进而造成恒星闪烁。群星闪耀的夜空或许看上去很美，但大气畸变使我们很难看清恒星和其他类型的天体。虽然我们有办法减轻地球大气的影响，但很显然，云和雨依然妨碍我们用望远镜观察太空。此外，地球大气会部分阻挡或吸收特定波长的光，比如紫外线、伽马射线和 X 射线，而天文学家偏偏对这些光线很感兴趣。但话说回来，这些光线或多或少都对人体有害，所以，我们要再次感谢地球大气才是。

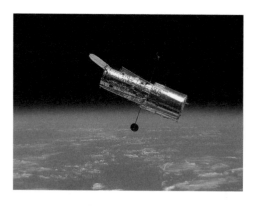

哈勃空间望远镜盘旋在地球与太空的边界。这张照片拍摄于 1997 年第二次哈勃维修任务之后。当时哈勃空间望远镜距地面 552 千米，已摆脱地球大气的影响，因此能够清晰地看到太空中的天体。
图片来源：美国国家航空航天局

"创生之柱"，即鹰状星云（Eagle Nebula）中的气体柱。这是哈勃空间望远镜最知名的代表作之一。图中几个怪异的柱状结构实际上由冷却的星际氢气和尘埃组成，恒星在这里诞生。鹰状星云距地球约 6 500 光年，最高的柱子（左）从底部到顶端约 4 光年。图像由哈勃空间望远镜的第二代大视场行星照相机（Wide Field and Planetary Camera 2，WFPC 2）拍摄于 1995 年 4 月 1 日。

图片来源：美国国家航空航天局、欧洲空间局、空间望远镜科学研究所、亚利桑那州立大学的 J. 赫斯特（J. Hester）和 P. 斯科恩（P. Scowen）

　　进入太空时代之后，天文学家意识到，人类可以把望远镜架到终极"山顶"，也就是一丝空气都没有的太空，从而彻底摆脱地球大气的扰动。

　　"哈勃空间望远镜将彻底改变天文学，这一点在当时无人不晓。但没人会想到，从发射至今将近 30 年过去了，它依然是高产的世界级天文台。"赫尔穆特·延克纳（Helmut Jenkner）说。他目前在位于马里兰州巴尔的摩市的空间望远镜科学研究所工作，担任哈勃空间望远镜任务的临时负责人。

　　哈勃空间望远镜于 1990 年升空进入环地轨道。它并不是世界上第一台空间望远镜，但在很多人看来，它才是人类历史上最强大，无疑也最有名气的望远镜。若是让人随口说出一台望远镜的名字，可能大多数人都会提到"哈勃"。若是走进一间教室，墙上很可能挂着一张哈勃空间望远镜拍摄的照片。若是举出一个天文学难题，哈勃空间望远镜很可能研究过，甚至已经攻克了。无论以科学成果还是公众影响来衡量，这台划时代的空间望远镜都是迄今为止最成功的太空任务之一。

不过，"哈勃"的故事不乏这样的时刻：几十年的努力似乎要付诸东流，纳税人的几十亿美元好像打了水漂，人们一度认为哈勃任务已山穷水尽。

但是，哈勃空间望远镜讲述的是关于拯救的故事。这是一部传奇巨作，讲述了主人公"哈勃"如何战胜千难万险，只为向我们展现壮阔的太空美景，为我们揭开惊人的宇宙奥秘。

"这项任务跟过山车一样，几起几落。"空间望远镜科学研究所所长肯·森巴赫（Ken Sembach）说，这个研究所由 650 名天文学家以及技术和管理人员组成，负责哈勃任务和其他太空任务，"但不管遇到什么困难，'哈勃'好像总有办法克服。我想说，有时候情况看起来可能很糟糕，但其实没什么，因为那正好是个机会。"

森巴赫说，哈勃任务被取消过，被推迟过，甚至差一点被丢到一边自生自灭，不过平心而论，如果真按最初的计划让"哈勃"上天的话，它可能远远达不到今天的水平。

困难重重

哈勃空间望远镜遇到的第一个困难是建造资金不足。在 20 世纪 70 年代早期，美国国会面对 4 亿美元的造价犹豫不决，进而取消了当时被称为大型空间望远镜（Large Space Telescope）的计划。后来欧洲空间局抓住了这个机会，表示愿意带着资金和专业知识参与进来。

"你可能注意到我的口音了。"延克纳边说边露出了迷人的微笑，说话声音酷似阿诺德·施瓦辛格的男中音。延克纳来自奥地利，1983年作为欧洲空间局的代表加入项目。"哈勃空间望远镜是国际项目，多样化是它与生俱来的特点。这吸引了来自世界各地、各个领域的专家，给哈勃项目带来莫大的帮助。如果顺着研究所的长廊一路走过去，你能听到各式各样的口音。"

延克纳的第一个任务是协助编制导星表。利用所谓的**精细导星传感器**（Fine Guidance Sensor），哈勃空间望远镜能以极高的精度跟踪恒星，从而在扫描天空时辨别方向，牢牢锁定目标。为确保正常工作，目标偏离不能超过 7/1000 角秒，这相当于从 1 英里[①]外看一根头发丝的粗细。哈勃空间望远镜装有 6 个陀螺仪和 4 个称为动量轮（reaction wheel）的万向转向器，用于保持稳定。

延克纳时任导星表项目的首席系统分析员，与一群同样年轻、精通技术的天文学家和工程师共同开发一套软件。凭借这套软件，哈勃空间望远镜可以自主选择任意方向上的一对恒星，然后精准定位。为此，他们首先要扫描近 1 500 张玻璃底片，将上面记录的信息转成数字格式。

1969 年电荷耦合器件（CCD）的发明给摄影和天文学带来

---

① 英里，长度单位，1 英里 ≈1 609 米。

翻天覆地的变化。时至今日，小到手机摄像头，大到"哈勃"等大型空间望远镜，无不使用这种图像传感器。但在20世纪80年代初期，历史天文数据几乎全都存储在从19世纪50年代就开始使用的玻璃底片上。

赫尔穆特·延克纳（黑色西装）欢迎到访空间望远镜科学研究所的安德鲁·福伊斯特尔（Andrew Feustel）、约翰·格伦斯菲尔德等执行2009年哈勃维修任务的宇航员。
图片来源：美国国家航空航天局、欧洲空间局、为空间望远镜科学研究所工作的科伊尔工作室（J. Coyle Studios）

在洛克希德·马丁公司（Lockheed Martin）的声学振动室，哈勃空间望远镜被抬升至直立位，为1990年的发射做准备。这台望远镜于20世纪70年代和80年代设计建造，但受1986年"挑战者号"（Challenger）航天飞机失事的影响一度推迟发射。如果仔细观察，你可以看到安装在望远镜外部、长68.6米的扶手，这是宇航员执行出舱维修任务的辅助设施。
图片来源：美国国家航空航天局

接下来，延克纳和他的同事们基于玻璃底片记录的天文数据，创建了一个详细的电子数据库，其中包含近 2 000 万个天体，数据量超过以往任何一个星表约 100 倍。

"我们成功了，但回想起来，当时竟然没人劝阻我们，这让我感到好不遗憾呢。"延克纳笑呵呵地说，"我们那会儿太年轻，太理想主义，压根儿没想过还有失败的可能。现在回头看，我们胆敢挑战那个年代数据处理能力的极限。"

困难层出不穷。建造一台精密复杂的空间望远镜，这涉及一些前所未见的技术难题。以反射镜为例，要满足大尺寸（主镜口径 2.4 米）和高灵敏度的双重要求，反射镜的形状必须分毫不差，同时还要经得起发射升空的严酷考验。再比如，望远镜将随航天飞机发射，所以必须达到载人航天的安全标准。发射推后、成本上升等问题自然接踵而至。即便困难重重，任务团队还是勤奋工作，争取在 1986 年年底发射。

然而，1986 年 1 月，"挑战者号"航天飞机升空后不久爆炸，7 名宇航员无一生还，整个航天飞机计划随即被搁置。哈勃空间望远镜本该随"挑战者号"的下次任务发射，但受事故影响，只好再等几年，这一点大家都心知肚明。那是美国太空计划的艰难时期，但同时也给哈勃任务团队留出更多时间，继续完善和提高望远镜的性能，尤其是改进地面操作软件。

1990 年 4 月 24 日，耗资 13 亿美元的哈勃空间望远镜终于由"发现号"航天飞机（Space Shuttle Discovery）STS-31 任务送入太空，并成功部署就位。看起来一切顺利。

然而，事与愿违。哈勃空间望远镜投用不久，科学团队就发现它传回地球的图像模糊不清。原来由于抛光问题，主镜的形状与设计值相比有 2 微米的偏差，形成了一个**球面像差**（spherical aberration）。一张纸的厚度大概是 100 微米，2 微米仅是一张纸厚度的 1/50。就是这样一个微不足道的偏差损害了"哈勃"的视力，导致成像扭曲。

美国国家航空航天局、欧洲空间局、世界各地的天文学家感到震惊和沮丧，公众失望透顶，政客大发雷霆。哈勃空间望远镜成了一个笑柄和一件华而不实的太空摆设。

"发现号"航天飞机搭载哈勃空间望远镜发射升空。

图片来源：美国国家航空航天局

太空修理工

　　"哈勃"的故事当然不会到此为止。恰恰相反，故事才刚刚开始。

　　其他空间望远镜要是反射镜出现问题，早就被放弃了。历史上，太空任务的仪器设备很少采用模块化设计，但哈勃空间望远镜是少数几个例外之一。模块化仪器可由航天飞机的宇航员在低近地轨道上置换和升级。正因如此，人们才认为"哈勃"有修复的可能。美国国家航空航天局早已编制哈勃维修任务计划表，

在 1993 年首次维修任务中，哈勃空间望远镜与"奋进号"航天飞机的有效载荷舱连在一起。宇航员 F. 斯托里·马斯格雷夫（F. Story Musgrave）被固定在航天飞机的机械臂上，他下方的宇航员是杰弗里·霍夫曼（Jeffrey Hoffman）。

图片来源：美国国家航空航天局

首次维修任务正是修复缺陷的机会。可是，怎么修呢？仪器可以更换或者微调，但反射镜不能啊。接下来，全世界都开始绞尽脑汁想办法。

"那段时间，局里的每个人都胆战心惊，气氛极度紧张。"弗兰克·切波利纳（Frank Cepollina）说。他当时在马里兰州格林贝尔特的戈达德航天中心（Goddard Space Flight Center）工作，是哈勃维修任务的负责人。切波利纳曾参与模块化、可维修航天器的概念设计，还牵头负责载人哈勃维修任务的规划和编排。这次维修任务已经变成关乎"哈勃"生死的大事，切波利纳和他的团队立即切换到"高速档"，欣然接受挑战。

"别人坐立不安，我们却乐在其中。"切波利纳一边回味那段肾上腺素飙升的日子，一边兴致勃勃地说。那时，美国国家航空航天局向他和他的团队求助，盼望他们能创造奇迹。"这是一次前所未有的挑战，创新是我们的制胜法宝。一个口径达 2.4 米的主镜，用什么办法能修复上面一个极小的缺陷呢？具体怎么操作？这些都需要创新。"

他们的创新就是：给"哈勃"戴"眼镜"。科学家、工程师和光学专家合作发明了一套矫正透镜，称为矫正光学空间望远镜中轴置换（Corrective Optics Space Telescope Axial Replacement，COSTAR），适用于哈勃空间望远镜的三部仪器。

"造一套光学矫正透镜不难，"切波利纳说，"但要把透镜放到准确的位置上，同时保证组件间距分毫不差，那简直就是一场技术噩梦。组件的设计制造和透镜抛光都必须达到最高水准，而我们没有任何先例可循。"

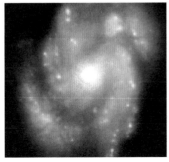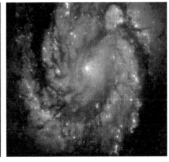

对比前后两张 M100 星系的图像可以看出，哈勃空间望远镜的成像水平已得到显著改善。左图由第一代大视场行星照相机（WFPC-1）拍摄于1993 年 11 月 27 日，也就是首次哈勃维修任务的前几天。主镜的瑕疵模糊了星光，限制了望远镜观测微弱结构的能力。右图由第二代大视场行星照相机拍摄于 1993 年 12 月 31 日，可以看出整合在新一代照相机中的矫正透镜已对球面像差做出补偿，自此哈勃空间望远镜开始以前所未有的清晰度和灵敏度探索宇宙。

图片来源：美国国家航空航天局

切波利纳如今 80 多岁，但依然活跃在戈达德航天中心的机器人技术研发领域。当时切波利纳还要解决另一个难题。执行维修任务的宇航员身穿笨重的宇航服，戴着又厚又大的手套，动作极不灵便，必须借助特殊的工具才能在零重力环境中从事精密的操作。

这是史上最复杂的太空任务之一。在矫正透镜开发成功之后，切波利纳和他的团队又花了一年多的时间训练宇航员。"1 号维修任务"（Servicing Mission 1，SM1）不仅关乎哈勃任务的未来，而且一旦成功，将极大地促进人机交互装置的发展，使宇航员出舱修理故障卫星成为可能，这正是切波利纳多年来努力的方向。

1993 年年底，在为期 10 天的维修任务中，"奋进号"航天飞机的宇航员完成了 5 次无比艰难的太空行走，将矫正透镜和其他设备成功安装到"哈勃"身上，其中包括升级后自带光学矫正系统的第二代大视场行星照相机、新的陀螺仪和太阳能电池板。每项升级都是为了修复或改进整个系统，从而保证哈勃空间望远镜的观测能力达到甚至超出预期。宇航员冒着生命危险完成了维修任务，结果如何呢？全世界拭目以待。

　　1994 年 1 月初，哈勃空间望远镜修复后拍摄的首批图像发布。

　　那是距我们几千万光年的一个星系，图像清晰分明，连只

"生日气球"，即气泡星云（Bubble Nebula），产生于一颗超高温的大质量恒星。这个巨泡位于仙后座（Cassiopeia），距离地球 7 100 光年，直径 7 光年，大致相当于太阳到最近的恒星邻居南门二[①]距离的 1.5 倍。这张图像是为庆祝哈勃空间望远镜 26 岁生日发布的。
图片来源：美国国家航空航天局、欧洲空间局和哈

勃遗产团队（空间望远镜科学研究所、美国大学天文学联盟）

---

① 南门二，又称半人马座 α 星（Alpha Centauri），是距离太阳系最近的恒星系统（约 4.3 光年）。

有 30 光年跨度的微弱结构也清晰可见。"哈勃"总算兑现了最初的承诺，没有辜负人们的等待和期望。

"看到首批图像的那一刻让人永生难忘。"延克纳说，"望远镜修好了，还有人说美国国家航空航天局得救了，我想我们所有人都如释重负。"

对延克纳来说，这次任务之所以令人难忘，还有另外一个原因："我有幸带着女友去研究所一起观看宇航员的太空行走，几个月后，她嫁给了我。"

1997 年、1999 年、2002 年和 2009 年的哈勃维修任务也十分成功，宇航员每次都给"哈勃"换上改进的仪器和其他重要部件。

"每次维修任务都比上一次复杂，"切波利纳说，"因为我们希望宇航员用更少的时间完成更多的工作，要更换的零件似乎一次比一次多。等到倒数第二次维修任务时，人人都想参与进来，就连那些起初不以为然的人也想！这一切都令人兴奋，并且不断激发我们去创新。"

"每次维修任务都是一场硬仗。"森巴赫说，"对我个人而言，维修任务本身固然意义重大，但整个过程中的筹备、讨论、决策、团队合作，还有大家结下的情谊，这一切尤其令人感动。"

值得一提的是，截至 2016 年，26 岁的"哈勃"差不多浑身上下都换了一遍。

"'哈勃'表现得非常出色。"森巴赫说，"从论文数量看，2015 年的成果最多。利用它的观测数据发表的论文达到了 846

篇，也就是平均每天两篇以上。它的状态良好，各个仪器、子系统、陀螺仪、动量轮、通信设备、太阳能电池板等等都在正常工作。我们相信，它会一直坚持到 21 世纪 20 年代初，其间将源源不断提供优质的科学数据。"

太空校车

哈勃空间望远镜重 11 110 千克，长 13.2 米，大小跟一辆校车差不多。

对任何一台望远镜来说，反射镜都是最重要的部件之一，因为决定望远镜性能的不是放大倍数，而是聚光能力。反射镜越大，聚光能力越强，望远镜的视力就越好。

按照专业天文望远镜的标准，哈勃空间望远镜的反射镜

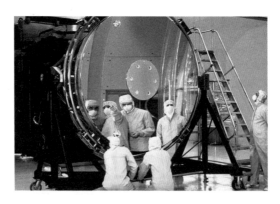

1990 年，哈勃空间望远镜建造期间，工人们正在研究口径 2.4 米的主镜。

图片来源：美国国家航空航天局

并不算大。它的主镜口径才 2.4 米，而在加那利群岛（Canary Islands），世界上最大的加那利大型望远镜（Great Canary Telescope）的主镜口径是 10.4 米。另外，智利在建的麦哲伦巨型望远镜（Giant Magellan Telescope）的聚光面宽 25 米，由 7 个口径 8.4 米的独立镜面组成。相比之下，哈勃空间望远镜的主镜实在是太小了。

但优异的光学性能和外太空的绝佳位置弥补了体积小的缺点，使"哈勃"成像异常清晰。它能够探测到只有人类肉眼可见亮度百亿分之一的天体，分辨率是一些大型地基望远镜的 10 倍，尤其是在可见光和紫外波段。事实证明，它是一个适应力强、用途多样的天文台，不断拍摄精美绝伦的图像并取得新的发现。

哈勃空间望远镜在距地球 552 千米的轨道上运行，每 97 分钟绕地球一周，运行速度约为 8 千米 / 秒。如果条件适宜，你能够看见它穿越夜空。你可以访问 www.heavens-above.com，看看"哈勃"等环地探测器以及国际空间站何时会从你家上空经过。

宇宙新面貌

不久，修复后的哈勃空间望远镜便开始了即将改变天文学面貌的观测活动。初期的两次观测就将"哈勃"带进了公众的视野……还有心里。

在 1994 年夏季，天文学家发现，休梅克-利维 9 号彗星

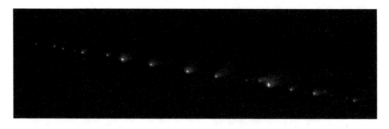

休梅克–利维9号彗星，由哈勃空间望远镜拍摄于1994年5月17日。图中可见21块彗星碎片连成一串，绵延110万千米，最终撞向木星。

图片来源：美国国家航空航天局、欧洲空间局、空间望远镜科学研究所的哈尔·韦弗和E.史密斯（E. Smith）

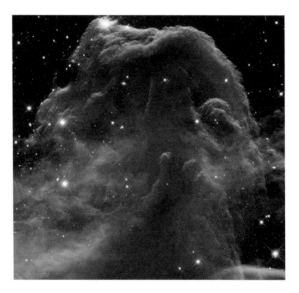

神秘缥缈的马头星云（Horsehead Nebula）是天文学爱好者和天文学家的热门观测目标。多年来，哈勃空间望远镜为这片著名的星云拍摄了多张图像。此图发布于2013年，在红外线和可见光波长下拍摄。在银河系众多恒星和其他遥远星系的映衬下，马头星云丰富的层次更加显著。

图片来源：美国国家航空航天局、欧洲空间局、哈勃遗产团队（空间望远镜科学研究所、美国大学天文研究联盟）

（Shoemaker-Levy 9）朝木星飞去，并且已进入危险距离。木星的巨大引力将它撕成连成一串的 21 块碎片，难怪有些科学家称之为"珍珠项链"。很显然，这些碎片将要跌落到木星上，这是我们从没见过的景象。现在有了哈勃空间望远镜，天文学家就像是坐在了演出的前排座席。只见彗星碎片进入木星云层的外边缘，产生团团黑云，场面犹如核弹爆炸。天文学家拿着最新图像冲进新闻发布会，现场一片沸腾。

哈勃空间望远镜最具代表性的成果是鹰状星云的图像。鹰状星云是一片由气体和尘埃组成的遥远星云，恒星在这里诞生。俗称"创生之柱"的惊人之作拍摄于 1995 年，从中可以看到恒星形成区域的新细节。这幅图像迅速走红，不久便登上《时代》周刊的封面，出现在影视剧中，还被印在 T 恤衫、枕头和邮票上。

自那以后，"哈勃"的每件作品都是大热门，比如马头星云，锥状星云（Cone Nebula），土星、火星和木星的行星风光，超新星残骸和遥远的星系，令人目不暇接。如此精美的作品集令公众爱不释手。

"我们的第一任所长、天体物理学家里卡尔多·贾科尼（Riccardo Giacconi）确有先见之明，他从最开始就将公众科普纳入哈勃任务。"延克纳说，"说到哈勃空间望远镜带给我的惊喜，首先自然是改变人类宇宙观的科学发现，其次便是公众的反应。对此，我有一定的预期，但没想到我们的新闻稿、图片和科普项目能影响几百万人，公众甚至把'哈勃'看成'他们'的望远镜。如此厚爱，当真让我们受宠若惊。"

如何创建一幅美图

哈勃图像色彩缤纷，但其实它的相机拍不出彩色照片。它能够精确瞄准目标，但与我们在地球上使用的相机不同，它不是一台即拍即得的成像设备。

韦斯特隆德2号星团（Westerlund 2）及邻近区域，由哈勃空间望远镜拍摄。这张图像是为庆祝哈勃空间望远镜入轨25周年发布的，以此纪念人类借助它获得的众多新发现、震撼的宇宙图像和杰出的科学成果。图片来源：美国国家航空航天局、欧洲空间局、哈勃遗产团队（空间望远镜科学研究所、美国大学天文研究联盟）、欧洲空间局 / 空间望远镜科学研究所的 A. 诺塔（A. Nota）、韦斯特隆德2号星团科学团队

"除了科学研究之外，'哈勃'还带来了一个幸运的副产品，那就是我们可以生成照片。"空间望远镜科学研究所的佐尔特·莱沃伊（Zolt Levay）说，他从首次维修任务启动前就开始制作哈勃图像，"其实，彩色照片很少应用于科研，主要是给公众看的。不过，彩色照片的确是个很好的副产品，可以直观地让公众明白科学家在研究什么。"

"哈勃"的彩色图像是用多张黑白照片合成的。通常情况

下，哈勃空间望远镜分别使用红色、绿色和蓝色滤镜各拍一张照片，然后将 3 张照片传回地球，再由软件合成一幅彩色图像。

"哈勃"传回地球的图像是灰度图像，但其中的数据还是嵌入了大量的色彩信息。"事实证明，宇宙比我们想象的更加丰富多彩。"莱沃伊解释说，"事实上，由于波长和能量的差异，有些颜色人眼是看不到，但哈勃相机对这些颜色非常敏感。"

哈勃空间望远镜配备了将近 40 种不同颜色的滤镜，涵盖紫外线、可见光、红外线等多个波段，给成像团队留有无限的灵活性和艺术选择。

"因为哈勃相机跟我们在地球上使用的相机工作原理不同，所以我们必须对图像进行后期处理。"莱沃伊说，"这是科学与艺

图像左侧的涡状星系（Whirlpool Galaxy）以其边界清楚的旋臂而著称。这些突出的旋臂可能是涡状星系与右侧较小的伴星系之间引力拉锯的结果。

图片来源：美国国家航空航天局、欧洲空间局、空间望远镜科学研究所的 S. 贝克威思（S. Beckwith）、哈勃遗产团队（空间望远镜科学研究所、美国大学天文研究联盟）

术、客观与主观的结合，跟摄影师把底片冲洗成照片，或者处理数码相机中的原始图像没什么本质区别。"

莱沃伊说，他和成像团队从射入哈勃空间望远镜的光线中选取不同的颜色，然后将这些颜色组合起来，构成彩色图像。一般来说，哈勃图像的色彩更加鲜明，所以其中的天体看起来比人眼所见（假如能看到的话）要亮得多。实际上，这些天体太过遥远，亮度也太低，加上有时候发出的是不可见光，所以我们的肉眼根本看不到。

但对成像团队而言，最重要的目标是尽量让生成的图像带有更多的科学信息。色彩的使用可以增强天体的细节，或者将人眼看不到的天体（例如构成星云的离子化气体和被尘埃包围的年轻恒星）可视化。

哈勃空间望远镜现在的主相机是第三代大视场照相机（WFC3）。它主要由两部照相机组成，一部捕捉紫外线和可见光，另一部捕捉红外线。第三代大视场相机主要研究暗能量和暗物质，同时观测恒星的形成和遥远的星系。

高级巡天照相机（Advanced Camera for Surveys）是一部灵敏度极高的大视场相机，观测范围包括超紫外线和可见光波段，有能力研究一些最早期的宇宙活动。哈勃空间望远镜还有两部光谱仪，可以把光分解成不同颜色并测量每种颜色的强度，从而揭示发光天体的信息。宇宙起源光谱仪（Cosmic Origins Spectrograph）特别适合用来研究远距离恒星、类星体等小光源。空间望远镜成像光谱仪（Space Telescope Imaging Spectrograph）可以标记星系等大天体，甚至是黑洞的位置。

船底座星云（Carina Nebula）的中心区域，跨度为 50 光年，恒星在此诞生和死亡。这张图像是对该区域最细致的观测结果之一。众多恶魔般的恒星

吹出狂风，发出灼热的紫外辐射，将这片星云塑造成魔幻世界里的地狱，并将最后残留在它们周围的星云物质撕得粉碎。

图片来源：美国国家航空航天局、欧洲空间局、加州大学伯克利分校的 N. 史密斯（N. Smith）和哈勃遗产团队（空间望远镜科学研究所、美国大学天文研究联盟）

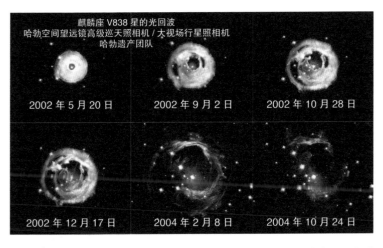

一次恒星爆发，由哈勃空间望远镜在 2002 年 5 月至 2004 年 10 月拍摄。这组图像按照时间顺序显示了麒麟座 V838 星（V838 Mon）周边的光回波（恒星爆发时发出的光被周围尘埃反射而成的回波）。在 2002 年年初，这颗恒星突然变亮并持续数个星期，随后出现了前所未见的尘埃形状。后来尘埃消散，我们便只能看见恒星本身。这 6 张照片均由哈勃空间望远镜高级巡天照相机拍摄。

图片来源：美国国家航空航天局、欧洲空间局、佐尔特·莱沃伊

"天文学从来都是一门视觉科学。"莱沃伊说。"很久以前，人们就仰望天空，观察天体的变化。后来，伽利略用望远镜看到了天空的更多细节。再后来，望远镜变得越来越复杂。如今的天文学讲求定量，靠软件驱动，还要用到统计分析。但天文学家还是喜欢看照片，因为照片实在太抓眼球了。"

莱沃伊的专业是天文学，但他也是一个自学成才的摄影师。他在空间望远镜科学研究所有间办公室，墙上挂满了照片，哈勃图像和他本人的摄影作品穿插排列。莱沃伊认为，就利用数据生成亮眼的图像而言，他的摄影经验至少跟他的天文学训练同等重要。

"这需要花些心思，还得有点儿悟性，"他说，"但并不涉及什么根本性的突破，图像编辑技术这几年变化不大。不过，关于怎样处理这些数据和图像，我们学到了很多。我们更深刻地领会到，在尊重科学事实的前提下，美学原理能为增强天文图像的感染力做出什么样的贡献，同时也更加了解该怎样把观测结果呈现给公众。"

佐尔特·莱沃伊和他在空间望远镜科学研究所的办公室。
图片来源：空间望远镜科学研究所

莱沃伊说，哈勃成像团队在保证数据与科学真实性的同时，也在想方设法让哈勃图像看起来更生动有趣，更有视觉冲击力。

莱沃伊已经为哈勃空间望远镜工作了 25 年多，但他仍然惊诧于公众对哈勃图像的迷恋程度。究其原因，哈勃空间望远镜正赶上互联网兴起，这让普通人也可以轻松地接触到哈勃图像。

"我的工作跟火箭科学毫无关系。"他笑着说，"我觉得我的工作挺简单的，但令人干劲十足的是，我们的素材是最优质的天文数据！这些年来，哈勃相机几次升级换代，传回的数据不断变化，质量也在不断提高。它的数据质量真是没的说，能为它工作，我感到非常荣幸。"

管窥太空

"哈勃空间望远镜给天文学的每个领域都带来了重大进步。"延克纳一边说，一边向我展示一本合集，里面是世界各地天文学家提出的"哈勃"观测建议，"你就看每章的标题好了：河外星系项目、行星计划、星系计划、宝藏计划、宇宙学、太阳系等等。我们每年都会组织世界各地的天文专家共同审议这些建议。"

对于很多配备专属科学团队的太空任务来说，航天器上的仪器归任务科学团队使用。哈勃空间望远镜有所不同，它向所有天文学家开放。许多人认为，这种理念正是"哈勃"高效多产的原因之一。用哈勃空间望远镜观测宇宙是每个天文学家的梦想，可它每年只有 3 000 小时的可用观测时间。专家组按照科学意义和难度将所有观测建议排序，严格筛选。

"我们不缺好建议，"延克纳说，"观测需求是可用观测时间的 5 倍。"

作为空间望远镜科学研究所的所长，森巴赫负责审阅专家组的评审意见，并最终决定如何分配哈勃空间望远镜的可用观测时间。有的观测方案只能分到几分钟。

神秘山（Mystic Mountain）的细节图。这是从船底座星云升起的一座由尘埃和气体组成的山。图中可见一个高 3 光年的冷却氢柱，由于附近恒星辐射的轰击，它的顶端正在逐渐消失，柱内恒星释放的气流便从山顶喷发而出。

图片来源：美国国家航空航天局、欧洲空间局、M. 利维奥（M. Livio）、哈勃 20 周年纪念团队（Hubble 20th Anniversary Team）（空间望远镜科学研究所）

"研究所里负责编排哈勃日程的工作人员是真正的无名英雄。"森巴赫说，"他们每周要将那么多零七碎八的观测任务拼合起来，然后把指令上传到哈勃空间望远镜。"获得观测时间的天文学家使用特殊的软件提交参数需求，包括观测对象、时间、时长以及需要使用哪些滤镜。

　　"我们面对200多个有着不同观测需求的项目，日程编制人员要将各项参数输入系统，然后对这些观测需求进行优化。"森巴赫说，"他们编制了一个年度观测计划，每周给出下周的观测日程安排，精确到十分之一秒。"

　　他们先排好观测日程，接着再把保持轨道或数据传输所需的时间嵌进去。"他们每周都是这样有条不紊地工作，年复一年。"森巴赫说，"这个过程很有意思。"

　　哈勃空间望远镜每周传回地球的数据足以刻满18张DVD。每个天文学家对自己的观测结果拥有一年的专有权，换句话说，他有一年的时间处理和分析他的观测数据。一年后，这些数据成为档案数据，所有天文学家都可以从网上数据库下载并加以研究分析。如今，相关领域半数的新论文都源于"哈勃"的档案数据。

哈勃任务的遗产

　　哈勃空间望远镜以天文学家埃德温·哈勃（Edwin Hubble）的名字命名。哈勃在20世纪20年代提出，被天文学家称为**旋**

涡星云（spiral nebula）的模糊光斑实际上是星系，它们与银河系类似，但距离我们非常遥远。这个想法彻底改变了人类的宇宙观。

1929 年，埃德温·哈勃又取得一个惊人的发现：几乎所有星系都在远离我们，而且距离越远的星系，退行的速度似乎越快。这个宇宙膨胀的概念便是大爆炸理论的基础。按照大爆炸理论，宇宙诞生于某个时间点的剧烈能量爆发，此后便一直在膨胀。

旋涡星系 NGC 3021，由哈勃空间望远镜拍摄。NGC 3021 是 Ia 型超新星（Type Ia supernova）的一个寄主星系，天文学家通过观察 Ia 型超新星改进宇宙膨胀率的测定值。哈勃空间望远镜还精确测量了该星系的造父变星（Cepheid variable star），发现它们的脉动速率与光度高度匹配。这使造父变星成为测量星系间距的理想参照。
图片来源：美国国家航空航天局、欧洲空间局和空间望远镜科学研究所、约翰斯·霍普金斯大学的 A. 里斯（A. Riess）

接下来的问题便是宇宙膨胀的速率，即**哈勃常数**（Hubble constant）。回答这个问题需要先确定宇宙的年龄。在哈勃空间望远镜投用之前，天文学家已经能够将宇宙年龄的范围缩小到100亿~200亿年，但这还不够精确。借助哈勃空间望远镜，天文学家得出的结果是137亿年左右，他们希望能再精确一些。

"测定宇宙年龄是哈勃任务的初衷之一。"森巴赫说，"我们原本希望达到10%的精度，而实际做到了3%，现在我们正在向1%努力。对宇宙学和天文学来说，这是件非常了不起的事情。"

1998年，哈勃空间望远镜再次取得重大发现。它的观测结果表明，宇宙正在加速膨胀。"差不多所有人都大吃一惊，"森巴赫说，"这绝对是改变人类宇宙观的哈勃发现之一。"

为解释宇宙因何加速膨胀，天文学家引入**暗能量**（dark energy）这个概念。暗能量的本质仍然是个谜，但是天文学家可以清楚地看到它的影响。

"我们知道暗能量遍及整个宇宙，因为在观察遥远的超新星时，我们发现这些超新星比我们预期的更遥远、更暗淡，据此我们可以测量宇宙在不同时间的膨胀速率。"森巴赫说，"与重力不同，暗能量不是一种引力，而是一种斥力。比如你把一个球抛上去，暗能量会使球加速向上运动，而不是落回地面。"

发现宇宙加速膨胀的几位天文学家共同获得2011年诺贝尔物理学奖。现在的挑战是解开两大谜团：暗能量究竟是什么？它怎样发挥作用？这两个问题十分重要，因为据天文学家的估算，宇宙大约68%都是由暗能量构成的。

引力透镜。阿贝尔370
（Abell 370）是最早的星
系团之一，天文学家观
察到那里的引力透镜效
应——前景星系弯曲并增
强远处背景星系发出的
光，使背景星系的形状发
生扭曲，形成照片中的弧
线和条纹。天文学家基于
引力透镜效应重建质量分
布，进而测定巨型星系团
内暗物质的分布。

图片来源：美国国家航空航天局、欧洲空间局、哈勃4号维修任务观测结果提前
公布团队（Hubble SM4 ERO Team）、空间望远镜欧洲协调处（ST-ECF）

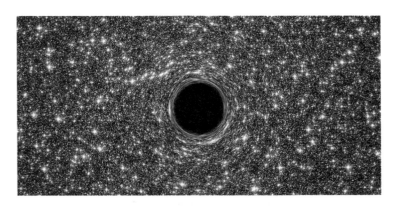

一个超大质量黑洞，位于 M60-UCD1 星系的中央，质量相当于 2 100 万个太阳。
M60-UCD1 是一个体积小、密度高的矮星系，从一个假想观察者的眼中看去，那
里的天空布满几百万颗恒星。由于光无法从黑洞中逃逸，所以黑洞在恒星背景中
呈现为黑色的剪影。黑洞的强引力场将背景恒星的星光扭曲，在黑洞视界的黑
暗边缘之外形成多个环状镜像。哈勃空间望远镜和双子座天文台北站（Gemini
North）的联合观测结果证实了这个黑洞的存在。

图片来源：美国国家航空航天局、欧洲空间局、空间望远镜科学研究所的 D. 科
（D. Coe）和 G. 培根（G. Bacon）

哈勃空间望远镜还帮助我们探索其他宇宙奥秘，比如**暗物质**（dark matter）。观测结果表明，恒星、行星、尘埃、气体等正常物质仅占宇宙质量的 5% 左右，再去掉暗能量，还剩下 27% 的质量是不可见的。什么是暗物质？"暗"字说明它以我们不可见的形式存在，但几十年来，科学界推断它必然存在，因为它似乎与星系团相互作用。与暗能量一样，暗物质也是一个待解之谜。

黑洞（black hole）是一种不可见的天体，但它的影响显而易见。即使在哈勃任务之前，科学界也认为黑洞是存在的。借助哈勃空间望远镜，天文学家研究了大量星系，发现每个带有明亮中央隆起的星系的中心必有一个超大质量黑洞。

"宇宙中几乎到处都有黑洞，这在哈勃任务初期就已经基本证实了。"延克纳说。我到空间望远镜科学研究所拜访延克纳那天，天文学家宣布，他们使用激光干涉仪引力波天文台（Laser Interferometer Gravitational-Wave Observatory，LIGO）证实了引力波的存在。这种人类苦寻多年的时空涟漪，正是黑洞并合产生的。"就在今天早些时候，天文学家发现了两个相互旋近的黑洞发出的引力波。至此，哈勃空间望远镜的论证完备了。"

在哈勃空间望远镜发射的时候，我们只知道几颗系外行星（exoplanet）——围绕其他恒星运行的行星。现在，"哈勃"已经开始研究这些遥远的世界。

"哈勃空间望远镜是第一个观测系外行星大气组成的天文台，"森巴赫说，"它为我们打开了系外行星世界的大门。在此之前，没人认为我们能看这么远，而它证明了我们有这个能力。现在，'哈勃'已经观测到许多这样的系统，斯皮策空间望远镜

（Spitzer Space Telescope）等其他望远镜也对系外行星有研究。我们正在考虑让未来的空间望远镜继续这方面的研究。"（第五章将详细介绍专门搜寻系外行星的开普勒太空望远镜。）

我们透过"哈勃"看到了最壮观的宇宙图景，其中有一些是哈勃深场（Hubble Deep Field）的研究成果。哈勃空间望远镜将镜头聚焦于一小块看似没有恒星的深空（天文学家原以为那里空旷无物），获得了迄今为止最深的宇宙图像。有些图像显示，那里绝不可能什么都没有，每个旋涡、每个斑块、每个亮点都是星系，而每个星系里面又有几十亿颗恒星。这相当于你在地球上观察一臂开外的一粒沙子，而这粒沙子里面有 1 500 多个星系。难以想象宇宙中还有多少未知星系，宇宙的浩瀚纷繁，由此可见一斑。

哈勃深场。1995 年 12 月，哈勃空间望远镜和第二代大视场行星照相机连续 10 天观测一小块天空，发现了几十亿光年之外的 1000 多个星系，而每个星系又包含几十亿颗恒星。一瞬间，地球和银河系变得如此渺小。
图片来源：美国国家航空航天局、欧洲空间局、空间望远镜科学研究所的 R. 威廉斯（R. Williams）、哈勃深场团队

就是这样，哈勃空间望远镜带着我们穿越时空，踏上了一次前所未有的恒星之旅。

再修一次

　　前几次哈勃维修任务圆满成功，新的维修任务早已列入计划。然而，2003 年年初发生了第二起航天飞机事故。"哥伦比亚号"（Columbia）在返航途中失事，机组人员全部遇难。

　　美国整个太空计划再遭重创，哈勃任务平添一道新的障碍。

　　事故发生后，时任美国国家航空航天局局长的肖恩·奥基夫（Sean O'Keefe）以风险过高为由，取消了一次计划内的哈勃维修任务。事故后出台的新规程要求，航天飞机任务必须在太空

宇航员约翰·格伦斯菲尔德。他的头盔面罩上可见另一名宇航员安德鲁·福伊斯特尔的镜面像，福伊斯特尔当时站在机械臂上给他拍照。2009 年 5 月的最后一次哈勃维修任务共有 5 次太空行走，其中 3 次由他们二人合作完成。图片来源：美国国家航空航天局

中接受问题排查，如果发现存在与"哥伦比亚号"失事原因类似的问题，宇航员可以前往国际空间站避难。受轨道位置的限制，执行哈勃维修任务的航天飞机做不到这一点。局里的官员认为，在这种情况下执行新的哈勃维修任务实在太过冒险。与此同时，仪器开始出现故障，"哈勃"的前景一片黯淡。

"美国国家航空航天局局长和总部好像低估了科学界和公众的反应。"延克纳说，"在公众的强烈抗议之下，局里决定重新考虑，'哈勃'再次起死回生。"

在重新评估风险之后，2006 年 10 月，美国国家航空航天局新任局长迈克尔·格里芬（Michael Griffin）决定，鉴于哈勃空间望远镜对天文学家和公众的重要意义，最后一次维修任务即便有风险也是可以接受的。为降低宇航员的安全风险，任务团队安排另一架航天飞机待命，以便在发生意外时实施救援。

"任务圆满完成，过程充满了哈勃传奇惯有的戏剧性和英雄主义。"延克纳说。宇航员给"哈勃"安装了一部新相机——第三代大视场照相机，以及其他用于研究宇宙起源问题的仪器。他们还维修了其他设备，比如已罢工的高级巡天照相机和空间望远镜成像光谱仪。

2011 年，航天飞机计划彻底终结，新的哈勃维修任务再无实现的可能。然而，人们还是希望有朝一日成功回收这台划时代的空间望远镜，或者至少让它安全脱离轨道。

"最后一次维修任务在'哈勃'的尾部安装了一个**软捕捉装置**（soft capture mechanism），可以让'哈勃'与一台小型航天器对接，再由这台航天器安全带离轨道。"延克纳说。

草帽星系（Sombrero Galaxy）的侧视图。这是一个旋涡星系，直径5万光年，距地球2 800万光年。在星系内部，厚厚的尘埃带围绕着一个明亮的白色内核。之所以叫"草帽星系"，是因为它形似高顶宽边的墨西哥草帽。X射线观测结果表明，有物质正在落入致密的核心，而核心内部是一个具有10亿倍太阳质量的黑洞。

图片来源：美国国家航空航天局、哈勃遗产团队（空间望远镜科学研究所、美国大学天文研究联盟）

哈勃空间望远镜与未来

延克纳说，他们当前只有一个目标，那就是最大限度地利用"哈勃"宝贵的剩余时间。

"从某种意义上说，哈勃空间望远镜彻底改变了天文学，我们必须沿着这条路走下去。"他说，"因此，工作永无止境。我们不能停滞不前，我们要吸引科学家们做更有意义的事情，给他们提供一件精心打造的天文学利器，这正是空间望远镜科学研究所存在的意义。"

延克纳说，他们仍在努力提高哈勃空间望远镜各类仪器的精度，就连早在 1997 年安装的空间望远镜成像光谱仪等老仪器也不放过。

"我们要从这些仪器中榨出最后一滴科研成果。"他说，"这确实相当困难，但也恰恰是这份工作的魅力所在。"

森巴赫说，当初任务一再推迟反倒给了任务团队改进"哈勃"的机会。同理，当最后一次维修任务要被砍掉时，工程师们主动开始研究怎样延长哈勃任务的寿命。

"我们知道，陀螺仪是一个制约因素，所以我们开发了一种弱工作模式来延长陀螺仪的使用寿命。"他说，"事实证明，这种模式很有必要，陀螺仪不再是制约因素，任务的寿命得以延长，这在过去我们连想都不敢想。"

森巴赫说，同样是因为最后一次维修任务被推迟，任务团队才有时间改进第三代大视场照相机的红外探测器。如果按原计划执行维修任务的话，相机的性能可要比现在差多了。

"我们还学会了怎样高效地安排观测任务。尽管过了十七八年，我们仍在不断学习提高效率的方法。"他说，"一想到'哈勃'也许只剩下几年的时间，我们就有种紧迫感。只有提高效率，我们才能从它身上榨出最后一滴科研成果。最后一次维修任务结束后，我们又回到了高效模式，效果十分理想。回想起来，维修任务被推迟其实对'哈勃'的影响是正面的，'哈勃'因此成为一台更精良的空间望远镜。"

工程师们继续从科学角度评估"哈勃"的各个系统能否支撑下去，同时采取其他措施尽力延长它的运行时间。

我问延克纳，在任务运行期间，也就是他在空间望远镜科学研究所工作的那段时间，他最美好的记忆是什么。

"每天来上班最美好，"他沉思着说，"这里的人让我很有成就感。"

半人马座 ω 星团（Omega Centauri）的一小块区域，包含 10 万颗恒星。半人马座 ω 是一个密集的球状星团，是银河系最大的星团之一，拥有近 1 000 万颗恒星。

图片来源：美国国家航空航天局、欧洲空间局、哈勃 4 号维修任务观测结果提前公布团队

长久而专注的职业生涯也有令人无奈的一面。"那些和你共事的人，那些你当成朋友的人，他们死不得。"他说，"有些人的离去曾经使研究所几度陷入困境。"

延克纳说，无论哪个同事离世都是一次打击，但 2009 年罗杰·多克西（Rodger Doxsey）的辞世却让人格外心痛。多克西是空间望远镜科学研究所哈勃任务办公室的主任，负责哈勃空间望远镜的日常运行。按照很多人的说法，他是"哈勃"的心与魂，在这个领域功勋卓著。他的离去是整个天文学界不可承受之重。

再回到哪些记忆最美好这个问题，延克纳说，他现场观看了执行最后一次哈勃维修任务的航天飞机的发射过程，这段经历最令人难忘。"场面太震撼了！"他说，"但关键还是那7名宇航员。到发射前夕，大家都已经混熟了，所以看着他们几个坐到一挂不知道由几百万个零件组成的鞭炮上，我们的心都悬到了嗓子眼儿，一点儿没夸张！"

　　一方面，空间望远镜科学研究所希望尽最大努力延长"哈勃"的服役时间，另一方面，研究所负责的另一项任务即将启动，那就是人们期待已久的詹姆斯·韦伯空间望远镜（James Webb Space Telescope）。这是一个网球场大小、功能强大的红外望远镜，能够看到宇宙第一批恒星、恒星系统和星系形成时的景象，帮助我们解答宇宙演化过程等长期困扰我们的问题。

　　延克纳说，如果哈勃空间望远镜一直运行到21世纪20年代初，它将与詹姆斯·韦伯空间望远镜有一段共同观测太空的时间，而二者相加会比单个望远镜的功能更为强大。

　　什么是哈勃空间望远镜的遗产？

　　"'哈勃'教会我们，永远不要停止问问题，"延克纳说，"永远不要让好奇心熄灭。搞天文学是这样，我们的教育和日常生活，也是一个道理。"

第四章

探索两个世界：
"黎明号"

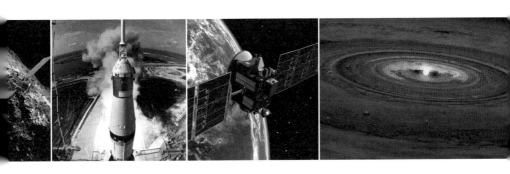

双重性、二分法与"黎明号"

仰望晴朗的夜空，如果你幸运地看到一颗流星划过，那你很有可能窥见了小行星带第二大天体灶神星（Vesta）的一块小碎片。

"在太阳系中，与落到地球上的陨石有关的天体只有三个：月球、火星和灶神星。""黎明号"（Dawn）探测器的总工程师兼任务负责人马克·雷曼（Marc Rayman）说，"人人都知道月球和火星，但没有多少人听说过灶神星。"

灶神星和矮行星谷神星是"黎明号"的目的地和研究目标。此项任务之所以被命名为"黎明"，是因为探索这两个远古世界有助于了解太阳系的"黎明"——太阳系形成初期。

"'黎明号'正帮助我们了解灶神星和谷神星最初形成时的条件。"雷曼说，"整个太阳系的形成和演化是一幅宏大的拼图，这项任务可以帮助我们找到更多的拼图块，甚至还能帮助我们了解遥远恒星周围的行星系统是怎样形成的。"

这两个天体离我们非常遥远：从地球出发，到灶神星的平均距离约为 3.53 亿千米，到谷神星约为 4.14 亿千米。在人类 200 多年前发现它们的时候，这两个遥远的世界还只是"群星之中两个神秘、微弱的小光点"，雷曼说。在"黎明号"任务之前，我们对它们的认识全都来自地基望远镜以及哈勃空间望远镜等环地航天器。尽管哈勃空间望远镜的视觉极为敏锐，但它为这两个天体（尤其是谷神星）拍摄的照片仍然是一团团模糊的像素，留给我们的问题远多于答案。

"黎明号"探测器飞临谷神星上空的艺术概念图，其中谷神星的部分来自"黎明号"拍摄的图像。

图片来源：美国国家航空航天局、加州理工学院-喷气推进实验室

谷神星·2004 年 1 月 23 日
哈勃空间望远镜·高级巡天照相机
高分辨率通道

灶神星·2007 年 5 月 14 日
哈勃空间望远镜第二代大视场行星照相机

灶神星和谷神星，由哈勃空间望远镜拍摄。这些图像帮助天文学家制订了"黎明号"探测器前往小行星带勘测二者的计划。

图片来源：美国国家航空航天局、欧洲空间局、美国西南研究院的 J. 帕克（J. Parker）、马里兰大学的 L. 麦克法登（L. McFadden）

　　如今，"黎明号"正在揭开两个世界的神秘面纱，解答诸多的疑问，比如灶神星和谷神星都在小行星带中，可为什么它们两个看起来大不相同？是什么造成了灶神星奇怪的扁平形状？谷神星上的亮斑是什么？如雷曼所说，那些亮斑看起来就像"宇宙信标，如星际灯塔般吸引着我们"。它们是明亮的冰或水？是迷人的矿床？抑或真如有些人所言，是外星城市的灯光？

在所有现役无人行星探测器中，只有"黎明号"使用了革命性的**离子推进**（ion propulsion）系统。这让"黎明号"可以做一些以前的探测器从没做过的事情。

"在人类将近 60 年的太空探索中，只有'黎明号'实现了先后绕两个地外天体的轨道飞行。"雷曼说，"我喜欢把它看作第一艘真正意义上的行星际宇宙飞船。"这个历时近 10 年的任务战胜了无数挑战，跨越了重重障碍，最终完成了使命。"黎明号"已经到过两个世界，这使任务带有明确的双重性。先进的航天器本身似乎也徘徊在科学实践与科幻想象之间，这是任务团队很多成员都熟悉的两个领域，有时甚至就是它们的代言。另外，虽然灶神星和谷神星都曾在不同时期被归为小行星，但它们代表着两类截然不同的行星体。

"'黎明号'所执行的任务是一项真正具有历史意义的任务，"雷曼说，"因为它研究的是太阳系形成之初就存在至今的两块化石，可以为我们讲述自身起源的那段往事。"

"黎明号"探测器

一艘宇宙飞船进入轨道，环绕一个天体运行，探索陌生的世界。之后，它离开这里，前往另一个天体，再次滑入轨道，继续探索新的世界。它喷发着蓝绿色的光柱，勇敢地飞向无人踏足的宇宙深处。

如果配上激昂的背景音乐，这简直就是经典电视剧《星际迷航》的场景。然而你错了，上面描述的是"黎明号"探测器真实的探险之旅。

　　"这仅仅是因为我们使用了具有未来感和科幻感的离子引擎（ion engine）技术，从而可以先后围绕不同的天体执行轨道飞行，"雷曼说，"我们实质上是一次完成了两个任务。"

谷神星亮斑的远观图。图像由"黎明号"拍摄于 2016 年 2 月 19 日，当时它距离谷神星大约 4.6 万千米。如图所示，谷神星上最亮的亮斑有个比它稍微暗淡一点的伙伴。
图片来源：美国国家航空航天局、加州理工学院-喷气推进实验室、加州大学洛杉矶分校、马克斯·普朗克太阳系研究所（MPS）、德国宇航中心（DLR）、国际暗夜协会（IDA）

"黎明号"探测器离开地球的艺术概念图。
图片来源：美国国家航空航天局、喷气推进实验室

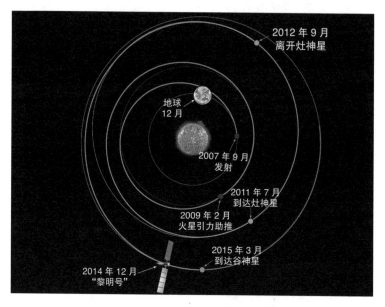

"黎明号"探测器从 2007 年发射到 2015 年年初到达谷神星的设计路线，其中包括一次火星引力助推以及对灶神星近 14 个月的访问。

图片来源：美国国家航空航天局、加州理工学院-喷气推进实验室

在 2007 年 9 月发射之后，"黎明号"以巡航速度飞往灶星，途中获得火星的引力助推，然后在 2011 年 7 月进入轨道，开始环绕灶神星运行。它在这里进行了 14 个月的勘察，随后离开灶神星，前往谷神星。2015 年 3 月初，它进入了绕谷神星轨道。

"黎明号"的主要目标是收集灶神星和谷神星的成分、内部结构、密度、形状等信息。这些数据综合起来可以帮助科学家更好地了解太阳系早期的演化过程和条件，并确定天体的含水量和大小在行星演化中的作用。

为完成这些科学任务，"黎明号"携带了科学仪器三件套：可见光相机、可见光和红外测绘光谱仪以及伽马射线和中子光谱

仪。"黎明号"可以绘制视觉地图、地形图、矿物地图以及磁场和引力场地图，从而完整地描绘灶神星和谷神星的表面。此外，无线电和光学导航数据可以提供两个天体的内部构造信息。

在发射时，"黎明号"是美国国家航空航天局翼展最大的行星际航天器。探测器自身长 2.36 米，与重型摩托车差不多。如果算上展开的太阳能电池阵列，"黎明号"的长度达到 19.7 米，跟一辆牵引式拖车相当。

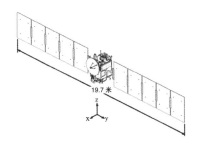

"黎明号"及其仪器的示意图。
图片来源：美国国家航空航天局、喷气推进实验室

马克·雷曼借助展示模型解释"黎明号"及其太阳能电池阵列。
图片来源：南希·阿特金森

雷曼在喷气推进实验室的办公室外面有条走廊，长 8.3 米多一点儿，恰好是"黎明号"单侧太阳能电池阵列的长度。雷曼决定把走廊的墙壁装饰成"黎明号"太阳能电池板的样子，好让团队成员记得"黎明号"的存在。

"'黎明号'发射已经是很久以前的事了，我们现在离它几亿千米，所以很容易忽略它的实际大小。"雷曼说，"这条走廊能帮助我们牢记'黎明号'是一个真实的物理存在，而不只是电脑上的一个链接或者一个数据源。"

灶神星和谷神星记录的太阳系简史

46亿年前，刚刚诞生的太阳与周围的气体、尘埃一起构成了我们的太阳系。在所谓的原行星盘（protoplanetary disk）中，大部分气体和尘埃聚合成了行星。在太阳系形成早期，星盘中的物质到太阳的距离各不相同，在靠近太阳的地方形成了岩质天体，在远离太阳的地方形成了冰质天体。

星盘中还有始终没能长大成为行星的岩质天体。科学家认为，在混沌的太阳系初期，剧烈的碰撞将这些天体击成了更小的碎块。这些岩质的"行星余料"就是如今游荡在太阳系各处的小行星。

这些残余物包含有关太阳系早期的线索，科学家一直渴望能够近距离研究它们。

大部分小行星栖息在小行星带中。小行星带位于火星和木星的公转轨道之间，形似一个巨大的甜甜圈，其运行轨道距离太阳大约3亿~6亿千米。

雷曼说，尽管灶神星和谷神星是小行星带最大的两个天体，但我们不能把它们称为小行星。

"很多人还是误把谷神星和灶神星看作小行星。"他说，"从任何严肃的地球物理意义来看，它们都不是小行星。它们的体积很大，而且显示出很多行星特有的地质过程。"

雷曼更喜欢称二者为**原行星**（protoplanet），意指它们没能长大成为真正的行星。

原行星盘的艺术概念图。一颗非常年轻的恒星被气体和尘埃盘环绕。
图片来源：美国国家航空航天局、加州理工学院-喷气推进实验室

谷神星和灶神星更接近半成形的行星，而不是小行星。
图片来源：美国国家航空航天局、加州理工学院-喷气推进实验室

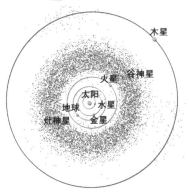

小行星带示意图。
图片来源：美国国家航空航天局、美国中部教育与学习研究中心（McREL）

这两颗原行星最大的奥秘之一就是它们为什么如此不同。

"尽管两者都能让我们一窥太阳系早期的形成条件和过程，但它们各自发展成了两种不同的天体。"雷曼说，"灶神星是个干燥但迷人的岩石世界，而相比之下，谷神星可能有大量的冰，甚至还可能有一个次表层海洋。"

雷曼说，这两颗同在小行星带的原行星，它们之间深刻的地质差异形成了一座桥梁，将内太阳系的岩质天体与外太阳系的冰质天体连接起来。

彗星、小行星还是行星？

要是跟灶神星和谷神星经历的身世浮沉比起来，目前尚未平息的冥王星行星地位之争根本不算什么。如果它们俩哪天再次遭遇身份危机，想必你会谅解的。

谷神星发现于 1801 年，当时意大利天文学家朱塞佩·皮亚齐（Giuseppe Piazzi）以为自己发现了一颗在火星与木星之间运行的彗星。但是其他天文学家断定，这颗星星太大了，不可能是彗星，于是谷神星就被授予了行星的称号——或许它就是那颗"缺失的"行星。当时，很多天文学家推断，在红色岩质行星火星与气巨星木星之间的广阔空间中，应该有那么一颗行星。可是没过多久，人类发现了更多公转轨道与谷神星相似的天体，这标志着太阳系小行星带的发现。

于是谷神星变成了小行星，被称为太阳系最大的小行星。但是在 2006 年，国际天文学联合会又将它重新归类为矮行星，理由是它的体积较大（直径约 950 千米）。

灶神星发现于 1807 年，当时也被认为是一颗行星，但是后来与谷神星一起被重新归为小行星。目前它仍然是小行星带中最亮的、唯一能用肉眼看到的天体。但是，灶神星似乎处在小行星与太阳系小天体（SSSB）的分界线上——太阳系小天体也是国际天文学联合会在 2006 年提出的新术语，用来指代太阳系里既不是行星也不是矮行星的天体。灶神星比小行星带的其他天体大得多。它的平均直径是 525 千米，而邻居们的直径几乎都在 100 千米以下。

"灶神星自己就占小行星带总质量的 8%~10%，"雷曼说，"谷神星则占到大约 30%。可以说，'黎明号'这次单枪匹马探索了小行星带大约 40% 的质量。"

考虑到火星与木星之间有数百万个绕太阳运行的天体，这样的探索就显得非比寻常。小行星带天体之间的平均距离为 100 万~300 万千米，它们散布在如此巨大的空间中，以至于小行星带的大部分区域看起来非常空旷，这跟科幻电影中常见的场景大相径庭。因此，"黎明号"在航行过程中并不需要躲避其他小行星。

马克·雷曼的多彩世界

走进雷曼的办公室，你可以看到他的办公桌上和书柜里摆满了怀旧风的玩具太空船和科幻火箭，还有真实航天器的模型，比如美国国家航空航天局的"土星5号"（Saturn V）运载火箭，当然也少不了"黎明号"。这足见雷曼对太空探索和科幻作品不变的热爱。

"这次探索两个外星世界用到的推进系统，我第一次听说还是从《星际迷航》里，"雷曼笑得合不拢嘴说，"还有什么能比这更令人激动呢？"

马克·雷曼4岁爱上太空，小学四年级立志攻读物理学博士学位（没过几年，他真的拿到了！），9岁开始给美国国家航空航天局以及其他太空和科学组织写信，得到的回复通常是一大堆印刷材料。数年下来，他积累了不少太空知识和纪念品，还有与50多个国家的太空活动相关的资料和收藏品。

"深空1号"（Deep Space 1）探测器飞掠9969号小行星"布莱叶"（Braille）的艺术概念图。
图片来源：美国国家航空航天局、喷气推进实验室

雷曼是个博学多才的人：科学家、工程师、经验丰富的业余天文学家和摄影师、狂热的户外活动爱好者，闲暇时还研究粒子物理学和宇宙学。此外，每周五晚都是他的舞蹈之夜。

他热情洋溢，对复杂事物能够做出深思熟虑而又诙谐幽默的解释。他是个高产的博主，坚持为这项任务撰写名为《黎明号日记》（Dawn Journal）的长篇博文，并且亲自回答读者们的问题。他还参与创作了一部在多家媒体上受到热捧的连环漫画，名为《太空傻小子》（Brewster Rockit: Space Guy!）。

"我热爱太空探索和科学发现，从小到大，激情不减。"雷曼说，"到喷气推进实验室工作对我来说就是美梦成真。"

自 1986 年进入喷气推进实验室以来，雷曼参与了各种各样的太空任务，还帮助策划了"黎明号"以外的很多任务，比如探测系外行星的空间望远镜、从火星到地球的样品返回任务等等。特别值得一提的是，其中一项任务用一个航天器测试了 12 项尖端创新技术。1998 年发射的"深空 1 号"飞掠了一颗小行星和一颗彗星，让人类首次看到了彗核的大特写。

"深空 1 号"还成功测试了一个出自科幻小说的推进系统——离子引擎。这种推进系统之前从未用于驱动航天器，但倘若没有离子引擎，像"黎明号"这样的复杂任务，以及先后环绕两个目标天体飞行的能力，便永无实现的可能。

"离子推进实在太优雅了。"雷曼感叹道，"老实说，对一个终生的太空狂热者而言，能用离子推进的航天器探索太阳系真的太美妙了。"

离子引擎：科学与科幻之间

长期以来，离子推进一直是科幻小说、电视剧和电影的主打内容。所有科幻迷都知道，如果你想来一趟亚光速行星际旅行，请使用离子推进飞船。正如雷曼曾提到的，离子推进出现在《星际迷航》"斯波克的大脑"（Spock's Brain）那一集，而且在《星球大战》系列电影中也扮演了重要角色，因为帝国 TIE 式战斗机就是由离子引擎推进的（TIE 代表 Twin Ion Engines，意为"双离子引擎"）。

2015 年，在电影《星球大战：原力觉醒》正式上映那天，凯莉·比恩（Keri Bean）扮成女主角蕾伊的样子到喷气推进实验室上班。她是"黎明号"任务的一名操作工程师，也是个资深科幻迷。她还煞有介事地给同事们做报告，详细阐述了"黎明号"与 TIE 式战斗机的异同。

"这最开始是马克·雷曼的主意，我又搞了一个完整的图表来比较二者的机载计算机和导航系统。"比恩说，"两个航天器都

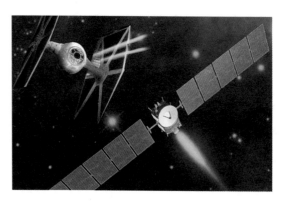

拥有三个离子引擎的"黎明号"探测器与《星球大战》中双离子引擎战斗机的艺术概念对比图。

图片来源：美国国家航空航天局、喷气推进实验室

扮成《星球大战》女主角蕾伊的凯莉·比恩。
图片来源：凯莉·比恩

有双太阳能电池板，但'黎明号'有三台离子引擎，而 TIE 式战斗机只有两台，所以'黎明号'其实是一架三联战斗机。"

经过一番深入调查，比恩发现，原来"黎明号"的早期方案还包括一部激光测高仪，刚好可以对应 TIE 式战斗机的绿色激光炮，但可惜它没能列入最终计划。"这实在太遗憾了，"她说，"要知道'黎明号'差一点就成了一架名副其实的三联战斗机。"

比恩说，参与"黎明号"任务的一部分乐趣就在于发现科学与科幻之间的联系。

"离子引擎几乎同时出现在科学实践和科幻作品中，"她说，"所以从那时起，科学版和科幻版的离子引擎就在一定程度上共存了。有时科学源于科幻，有时科幻源于科学。科幻作家和科学家几乎同时独立地提出同一个概念，这很有意思。"

美国火箭先驱罗伯特·戈达德（Robert Goddard）在其 20 世纪初的著作中就讨论过离子推进，而大约在同一时期，英国作家和天文学家唐纳德·W.霍纳（Donald W. Horner）出版了一部早期太空科幻小说，名为《飞向太阳》（*By Aeroplane to the Sun*），其中提到了靠离子推进的行星际航行。

直到 1959 年，美国国家航空航天局才在真空室中测试了一台早期版本的离子引擎。而几乎与此同时，备受欢迎的连环漫画《至尊神探》（*Dick Tracy*）里出现了炫目的太空跑车。那是一种无声的电动飞船，能够轻松地穿梭于地球和月球。第二年，两台离子引擎装在"空间电火箭试验-1"（SERT-1）卫星上进行了短暂的亚轨道飞行测试，但只有一台工作。

在美国国家航空航天局一心想把宇航员送上月球的那段时间，离子推进的开发工作基本上搁置了，但是在第一部《星球大战》电影上映前后，人们对离子推进的兴趣又高涨起来。20世纪 90 年代，喷气推进实验室启动了美国国家航空航天局太阳能电力推进技术应用就绪项目（NASA Solar Electric Propulsion Technology Applications Readiness，NSTAR），旨在开发用于深空任务的离子引擎。

1996 年到 1997 年，喷气推进实验室用真空室模拟外太空条件，对一台离子引擎的原型机进行了长期测试。结果，这台引擎出色地运转了 8 000 多个小时。这次测试成功之后，美国国家航空航天局想在太空中测试离子推进。谁都没想到，"深空 1号"在太空中强力推进了 16 000 个小时，任务取得了极大的成功。随后，欧洲空间局发射了离子推进的"尖端技术研究小型任务-1"（SMART-1）探测器，它在绕月轨道上从 2003 年一直运行到了 2006 年。

但是，科学与科幻之间的真正联系在于"离子推进"这个说法本身。

多亏了雷曼，这项技术才被称为"离子推进"。

NSTAR 离子引擎。
图片来源：美国国家航空航天局格伦研究中心（Glenn Research Center）

用于"深空 1 号"探测器 的 NSTAR 离子推进器在喷气推进实验室接受点火测试。
图片来源：美国国家航空航天局格伦研究中心

1969 年 7 月 16 日，"土星 5 号"火箭搭载"阿波罗 11 号"从肯尼迪航天中心发射，载着即将首次登月的宇航员离开地球。

图片来源：美国国家航空航天局

右图"黎明号"于 2007 年 9 月 27 日黎明（美国东部夏令时上午 7 时 34 分）从卡纳维拉尔角空军基地发射。它的使命是研究灶神星和谷神星，了解太阳系的黎明时期。

图片来源：肯尼迪航天中心、美国国家航空航天局

"深空 1 号"进行就绪准备的时候，这种推进方式尚无正式名称。有人想叫它"NSTAR"，还有人想称其为"SEP"，也就是"太阳能电力推进"，然而雷曼却另有主意。

"与其用一个连大多数技术人员都不熟悉的生僻说法，还不如给它取个工程师一听就明白的名字。"雷曼说，"这样似乎更合理，对日后考虑使用该技术的任务设计师也会有帮助。"

但是作为一个终生的太空狂热者，雷曼还有另一个考虑。"美国国家航空航天局花的是纳税人的钱，所以在我看来，我们不光是为科学家和工程师的利益工作，也是为纳税人工作。"他说，"我一直大力提倡要给公众参与航天事业提供便利。在我看来，我们有责任把难懂的概念翻译成公众能够理解的语言。"

出于吸引公众关注的热切心情，雷曼决定把这种推进方式称为"离子推进"。"这是一个完全准确的描述，"他说，"尽管我当科学迷比当科幻迷的时间要长，但我确实特别喜欢科幻作品，我知道《星际迷航》《星球大战》和其他一些作品都提到了离子推进，而且就算你不知道离子推进到底是什么，它听起来也比其他名字好玩儿多了。"

就这样，这个非凡的推进系统有了自己的名字，而背后这段故事却鲜为人知。

传统火箭与离子推进

所有太空推进系统的基本概念都一样：产生足够的推力来

驱动航天器。最简单的做法是给火箭封闭腔室内的推进剂（通常是气体或液体）加压，当推进剂从火箭尾部喷出时，产生的推力就会推动航天器朝相反的方向前进。想象一个吹得鼓鼓的气球，当你把捏紧的气球嘴松开时，里面的空气（或其他气体）随即喷出，气球就会尖叫着在房间里四下乱窜。

说到火箭，大多数人首先想到的应该是传统的化学火箭，比如发射"阿波罗号"或者航天飞机用到的那些动力强劲的重型火箭。化学火箭从化学反应中获得推力。燃烧的推进剂变成烈焰从火箭高速喷出，在很短的时间里产生巨大的推力，从而推动航天器脱离地球引力，进入太空。

离子引擎采取不同的技术，能够长时间持续产生较小的推力。这里，"长时间"的意义十分重大。

离子引擎使用气体作为推进剂，通常是氙气（一种无毒惰性气体）。气体被电离，也就是带上了电荷，这导致粒子相互排斥。这些气体通过引擎后部的电场加速，从而产生推力。

传统火箭只要几分钟就会耗尽燃料，之后靠惯性滑行到目的地。相比之下，离子引擎几乎持续不断地运转，但单位时间消耗的燃料很少。

"离子推进比传统的化学推进高效多了，因为它能把太阳能电池板产生的电能转化为推力。"雷曼解释说，"化学推进系统只能从推进剂中获得能量，因此受到推进剂携带量的限制。"

"黎明号"携带了 423 千克氙气推进剂，在输出最大推力的情况下，每秒不过消耗 3.25 毫克的氙气。相比之下，用来把航天飞机送入轨道的火箭仅 100 秒就要消耗 110 万千克的燃料。

离子引擎也有缺点：单位时间的动力输出不够强劲，无法让航天器摆脱地球引力。要克服地球引力的拖拽，你需要突然、急剧的加速，而目前只有化学火箭能够做到。

雷曼把离子推进称为"有耐心的加速"。这里可没有曲速（warp speed）航行，"黎明号"要花 4 天时间才能从静止加速到96 千米 / 时。

是的，你没有看错。

雷曼拿起一张纸说："用离子引擎推动航天器，就像你用一张纸推我的手一样费劲。"

雷曼解释道，尽管这样的推力看起来微不足道，然而整个任务下来，离子推进产生的总体加速效果，差不多相当于庞大的"德尔塔 II 型"（Delta II）火箭把"黎明号"送入太空时的推力。这是因为离子推进系统已经运行了几千天，而"德尔塔 II 型"火箭只燃烧了几分钟。

在 2007 年发射前，工作人员将"黎明号"探测器固定到上面级的发动机上。
图片来源：美国国家航空航天局、喷气推进实验室

一旦进入太空，离子引擎就开始像微风一样徐徐推进。

"进入太空后，在零重力、无摩擦的飞行条件下，探测器逐渐提速。"雷曼说，"发射至今，'黎明号'已加速到 39 600 千米／时。相比之下，从地球表面进入近地轨道，探测器只需要从零加速到 28 160 千米／时。"

在机动飞行期间，离子推进非常省燃料。"以进入绕火星轨道为例，一个典型的火星轨道飞行器可能要消耗超过 272 千克的推进剂，"雷曼说，"而使用离子推进系统的'黎明号'只需消耗不到 27 千克的氙气。"

传统火箭要完成"黎明号"那样的机动，来往于两个天体，就必须携带大量燃料，但这样一来，火箭根本无法发射出去。

"黎明号"有三个直径 30 厘米的离子推进器，但每次只有一个推进器在工作。在整个任务期间，推进时间合计 2 020 天左右（将近 6 年）。探测器每个星期会中断推进几小时（累计），这期间，探测器将天线指向地球，发送和接收数据。

"黎明号"还装备了小型肼燃料推进器和用来控制探测器姿态的动量轮。离子引擎在整个任务过程中的表现几乎无可挑剔，但动量轮却给"黎明号"的工程团队制造了最大的难题。2012年的那次故障险些使整个任务功亏一篑。

工程师挽救危局

比恩说，作为"黎明号"任务的一名操作工程师，她的工作看起来就是寻常的办公室工作，跟成千上万的普通人没什么两样。

"坐在电脑跟前，回复电邮，参加会议，不外乎这些，"她说，"但最终结果或许有点儿区别。"

比恩告诉"黎明号"该做什么，而它会照做。

她把"黎明号"任务贡献的专长称为**科研规划**（science planning）。"我喜欢把自己比作一名译员，"她说，"因为我要让科学团队与工程团队都能听懂对方的语言，确保我们既能得到科学家想要的所有数据，同时又不会超出工程技术的限制。"

"好奇号"火星车团队有几百名科学家和工程师，而"黎明号"团队只有大约 40 名工程师和 80 名科学家，他们来自世界各地。"我们是个很小的团队，但是我们正在收获大量值得关注的科学数据。"比恩说。

戈尔德斯顿深空通信站（Goldstone Deep Space Communications Complex），位于加利福尼亚州南部的莫哈韦沙漠（Mojave Desert），是美国国家航空航天局深空通信网的三个综合通信站之一。深空通信网为美国国家航空航天局的所有行星际航天器提供无线电通信，同时也用于对太阳系和宇宙的射电天文学及雷达观测。图片来源：美国国家航空航天局、喷气推进实验室与几乎每天都要跟地球通信的"好奇号"不同,"黎明号"每周才与深空通信网联系一两次。因此,无论是发送数据回地球,还是接收新指令,"黎明号"的所有通信都必须提前安排好。

比恩在 2013 年加入"黎明号"的工程团队。能加入这样一个讲求效率和创新的团队,她感到很荣幸。毫不夸张地说,正是这个团队挽救了任务。在一次意外事件后,他们另辟蹊径,避免了灾难性的后果。他们的解决方案非常巧妙,不管是谁,就算《星际迷航》里无所不能的轮机长斯考蒂亲临,也会为之叹服。

"黎明号"的动量轮类似于陀螺仪,用来稳定和改变探测器的姿态,将仪器指向探测对象,或者将主天线指向地球。"黎明号"有 4 个动量轮,通常情况下需要有 3 个正常工作,但在 2010 年 6 月和 2012 年 8 月,有两个动量轮先后出现故障。

"已经坏掉了两个动量轮,情况十万火急。"雷曼说,"以往出现动量轮失灵的任务基本上都以灾难性的后果告终,而这次,'黎明号'飞行团队的水平得到了证明。我们不仅解决了难题,达成了所有既定目标,甚至还完成了一些额外的任务。"

飞行团队想出了一个变通方案,那就是用肼燃料推进器来充当第三个动量轮,同时非常爱惜地使用那两个运转正常的动量轮。但是由于肼燃料有限且极为关键,一旦耗尽则任务即告终结,所以工程师们发起了一场节约肼燃料的战役。在分析了 50 多个不同的可选方案之后,他们最终确定,在巡航及进入绕谷神星轨道期间,"黎明号"不需要像原来预计的那样用掉 12.5 千克肼燃料，而只需消耗 4.4 千克，也就是说节省 65% 的肼燃料，这太不可思议了。

"凭借聪明才智和创造力，飞行团队还另外制订了一个详细计划来应对极端情况。这样，即便剩下的那两个动量轮也失灵，'黎明号'依然能够仅靠肼燃料推进器完成它的伟大使命。"雷曼说。

"黎明号"发射时携带了 45.6 千克肼燃料，而当它离开灶神星的时候，还剩 32.3 千克。加上目前仍有两个动量轮在正常工作，肼燃料的消耗会进一步降低，这有效延长了任务的寿命。

"能够从如此严重的意外故障中恢复过来，这足以证明我们的工程团队是多么有创造力。"雷曼说，"而且，虽然现在探测器的驾驶方式较之前受到了更多限制，但是团队仍然能够给任务增加额外的目标，这实在是了不起。"

灶神星的黎明

值得注意的是，地球上收集到的陨石更多来自灶神星，而不是月球和火星。尽管"阿波罗号"的宇航员从月球带回了 382 千克岩样，但还是不如来自灶神星的样本多，后者的总重量超过了 454 千克。

"落到地球的所有陨石，6% 来自灶神星，也就是说每 16 块中就有 1 块。"雷曼说，"这个比例可不小。根据 20 世纪 70 年代

HED 类无球粒陨石的三个岩石薄片。经"黎明号"任务确认，此类陨石源自灶神星。HED 类无球粒陨石包括三种：古铜钙长无球粒陨石（howardite）、钙长辉长无球粒陨石（eucrite）和紫苏辉石无球粒陨石（diogenite）。透过偏光显微镜观察它们的岩石薄片，其中不同的矿物呈现不同的颜色。
图片来源：美国国家航空航天局 / 田纳西大学

灶神星的南极和雷亚西尔维亚（Rheasilvia）撞击盆地，由"黎明号"的分幅相机拍摄。
图片来源：美国国家航空航天局、加州理工学院-喷气推进实验室、加州大学洛杉矶分校、马克斯·普朗克太阳系研究所、德国宇航中心、国际暗夜协会

灶神星上与赤道平行的一道道深沟，由美国国家航空航天局的"黎明号"拍摄于 2011 年 7 月 24 日。其中的迪瓦利亚沟（Divalia Fossa）比美国大峡谷（Grand Canyon）还要大。灶神星南极地区遭受的撞击很可能是这些深沟的成因。
图片来源：美国国家航空航天局、加州理工学院-喷气推进实验室、加州大学洛杉矶分校、马克斯·普朗克太阳系研究所、德国宇航中心、国际暗夜协会

以来在地球上进行的光谱学研究结果，我们推测这些陨石是灶神星的碎片，而现在'黎明号'给这个故事画上了句号，证明了它们的确来自灶神星。"

光谱学（spectroscopy）通过把遥远天体发出的光分解成不同色光来确定目标天体的成分。地球上这些陨石的光谱与灶神星吻合。

现在，"黎明号"发回了更详细的光谱数据，证实了这些陨石来自灶神星，并且全都来自灶神星上同一片巨大的撞击区。

"黎明号"拍下了这个名为"雷亚西尔维亚"的巨型陨坑，其直径超过 500 千米。坑内有一座大山，底部直径 177 千米，主峰高度是地球最高峰珠穆朗玛峰的 2.5 倍。

雷亚西尔维亚坑实际上与维纳尼亚（Veneneia）坑相交，后者形成的时间更早，直径 402 千米。这两个相交的陨坑使整个南半球都破相了，进而使灶神星看起来像一个灰突突的扁篮球。

"灶神星南半球遭受的巨大撞击释放出极大的能量，整个灶神星都因此震颤，险些四分五裂。"雷曼说，"能量穿过灶神星内部时，在赤道附近留下了 90 道深沟，有些与美国大峡谷的规模不相上下。这完全出乎我们的预料，实在令人惊叹。地球上可没有这样的奇观。"

然而，灶神星又很像地球。"黎明号"绘制了第一幅灶神星地图，上面展现了变化多样的地质奇观。与地球、火星、金星和水星相似，灶神星也有一个巨大的铁核，表面也有古老的玄武质熔岩流。另外，它还有裂谷、山脊、峭壁和丘陵，这些构造特征也都跟地球相似。

灶神星南极地区的独特侧视图，由一个形状模型生成。
图片来源：美国国家航空航天局、加州理工学院-喷气推进实验室、加州大学洛杉矶分校、马克斯·普朗克太阳系研究所、德国宇航中心、国际暗夜协会、行星科学研究所（PSI）

灶神星全貌，图中可见一组雪人状的陨坑。
图片来源：美国国家航空航天局、加州理工学院-喷气推进实验室、加州大学洛杉矶分校、马克斯·普朗克太阳系研究所、德国宇航中心、国际暗夜协会、行星科学研究所

　　因此，"黎明号"证实了科学家的理论，即灶神星更像是一颗体积小的行星，而不是一颗典型的小行星。它是一颗从太阳系的黎明时期幸存下来的"婴儿"行星，经受住了小行星带剧烈撞撞的考验，存活至今。如今天文望远镜在小行星带中之所见，都与"黎明号"所看到的灶神星的情况不太吻合。图像显示，灶神星表面杂乱无章地布满了陨坑，其中有三个陨坑连成一串，看起来像个雪人。

　　"小行星带的生存环境残酷又混乱。"雷曼说，"灶神星让我们看到了被石头猛烈撞击400万年会是什么下场。但是，最初聚到一起形成地球和火星等岩质行星的那类原始天体基本上都不在了，灶神星或许是仅存的一个样本。"

"黎明号"对灶神星的研究比原定计划延长了一些。在完成了详细的研究之后，"黎明号"离开灶神星，开始了两年半的飞赴谷神星之旅。

没有"惊心动魄 7 分钟"

因为"黎明号"要完成两次进入轨道和一次脱离轨道这种史无前例的机动飞行，所以你可能会以为，它也要经历与"好奇号"惊心动魄 7 分钟类似的时刻。然而事实上，当"黎明号"进入环绕灶神星的轨道时，任务指挥中心一片黑暗，空无一人。马克·雷曼跟妻子出去跳舞了。同样，当"黎明号"进入环绕谷神星的轨道时，任务团队的大多数人也都待在家里，可能早已进入了梦乡。

"这是一个完全不同于其他轨道任务的过程。"雷曼说，"这跟灶神星和谷神星没什么关系，完全是因为任务采用的是离子推进。"

"黎明号"不需要把推进器开足马力。它只需缓缓地滑入轨道，被目标天体的引力捕获，然后在引力的拖拽下向内盘旋，逐渐靠近，直到进入预定轨道。同样，当它离开灶神星时，它先是向外盘旋，逐渐远离，直到摆脱灶神星的引力。

"进入轨道和脱离轨道这样往往需要大动干戈的事情，'黎明号'做起来却是温文尔雅，从容不迫。"雷曼说，"这里不存在'生死攸关'的时刻。如果尝试入轨时出现了故障或异常，影响了探测器的正常工作，那我们就改天再试一次。其他推进方式就不具备这种灵活性。"

在"黎明号"发射之后，任务团队花了数年时间逐渐调整它绕太阳运行的轨道，这样在 4 年后接近灶神星时，它实际上已经与灶神星处于同一个公转轨道上，并且以 88 千米 / 时的相对速度接近目标。

"因此，即使出现问题，导致我们无法遵循最初规划的飞行路线，'黎明号'也能继续以这样缓慢的相对速度航行，我们也就能调整它的轨道，随后再试一次。"雷曼说，"这样，'只有一次机会'的问题就不存在了。"

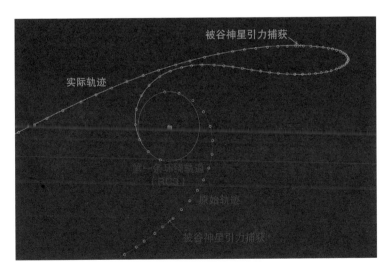

"黎明号"进入绕谷神星轨道的原始轨迹和实际轨迹。
图片来源：美国国家航空航天局、喷气推进实验室

雷曼承认，从公众的角度来看，"生死攸关"的时刻确实令人兴奋，但他觉得"黎明号"任务并不乏扣人心弦的时刻。

"对我而言，真正的戏码在于探索外星世界。"他说。

其实，任务期间还是有过一些让人坐立不安的紧张时刻，比如动量轮失灵。

再比如，在 2014 年 9 月"黎明号"前往谷神星的途中，离子推进系统突然罢工了。任务团队在地球端对探测器进行分析，确定是一束宇宙射线（也就是一个太空辐射粒子）击中了探测器上的一个电力组件，导致离子引擎停机，探测器随即进入了安全模式。这起事故来得太不是时候了。

谷神星，由"黎明号"拍摄于 3 月 1 日，也就是"黎明号"即将进入绕谷神星轨道的前几天。当时探测器位于谷神星背对太阳的一侧，所以谷神星的可见部分呈月牙形，它的其余部分都在阴影中。

图片来源：美国国家航空航天局、加州理工学院-喷气推进实验室、加州大学洛杉矶分校、马克斯·普朗克太阳系研究所、德国宇航中心、国际暗夜协会

"我们并不担心探测器到不了谷神星，"雷曼说，"但对于怎样进入环绕谷神星的轨道，我们确实已经制订了一个精细复杂的计划。现在突然间由于一个亚原子粒子作祟，我们不得不重新设计它的运行轨迹。这可是行星际航天器啊，改变轨迹哪里会那么

轻松！"

任务团队最终确定了故障原因，想出了解决办法，重新把探测器配置到正常操作模式，并在短时间内设计出一条新的飞行路线。

"把探测器从安全模式恢复到正常模式可不容易，"比恩说，"工程师们必须夜以继日地工作。这份辛苦和努力没有白费，我们最终获得了非常有研究价值的观测数据，还有一些我们原本无法拍到的绚丽影像。"

新的轨迹让探测器从谷神星的背日侧接近，而当"黎明号"俯瞰北半球时，谷神星呈现为美丽的月牙形，半明半暗。

"这个观察角度本来不在计划之内。"雷曼说，"在我看来，如果哪个本领高超的飞行员能在外太空飞出这样的轨迹，那他一定会感到非常自豪！这条轨迹完美无瑕，而且还让我们捕捉到了一些令人震撼的谷神星景观。"

随着"黎明号"越来越靠近谷神星，那些迷人的亮斑变得越来越亮、越来越多。

"这些闪烁的信标会让你情不自禁地为之着迷。"雷曼说，"它们似乎照亮了前行的道路，让你渴望送一个探测器到那里，好弄清楚那里有什么，而这正是我们所做的。"

谷神星的黎明

"谷神星很大，"雷曼说，"相当于美国本土面积的 37%。想想我们国家的地域多么辽阔，地理景观多么美丽，地形和地质情况多么丰富，你就不难想象'黎明号'看到的谷神星会呈现出怎样的多样性。"

"黎明号"已经在谷神星上发现了有趣的地貌和地形特征，这些都表明那是一个独特的世界。当然，最令人心驰神往的是奥卡托坑（Occator Crater）内的明亮区域。哈勃空间望远镜在10多年前就暗示了这些亮区的存在，但时至今日，它们仍然笼罩着一层神秘的面纱，成为公众热议和猜测的对象。

雷曼经常发表公开演讲并回答网友们的在线提问。他说，大家最爱问的一个问题就是，这些亮区有没有可能是外星城市的灯光。

奥卡托坑中心附近的亮斑。此图由"黎明号"拍摄的两种图像合成，并经过色彩增强处理。高分辨率图像拍摄于2016年2月，分辨率为每像素35米，分辨率较低的彩色图像拍摄于2015年9月。
图片来源：美国国家航空航天局、加州理工学院-喷气推进实验室、加州大学洛杉矶分校、马克斯·普朗克太阳系研究所、德国宇航中心、国际暗夜协会、行星科学研究所

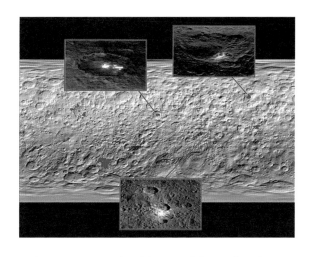

谷神星地图，依据"黎明号"探测器拍摄的图像绘制。图上可见谷神星表面大约130个亮区的位置，用蓝色突出显示。这些亮区大多与陨坑有关。三张小图放大了几个重点区域，其中左上的小图是奥卡托坑，里面有谷神星最亮的地方，右上是奥科索坑（Oxo Crater），亮度次之。

图片来源：美国国家航空航天局、加州理工学院-喷气推进实验室、加州大学洛杉矶分校、马克斯·普朗克太阳系研究所、德国宇航中心、国际暗夜协会

雷曼是怎么回应的呢？"太荒谬了！我们怎么知道谷神星人是生活在城市里呢？他们没准儿生活在农村，也没准儿建立了庞大的国家。我们对谷神星人的了解太少了，哪里能知道他们的地理分布呢。"

"这是我从一个科幻迷的角度做出的回答。"他笑着说，"不可否认，尽管这些亮区肯定不是生命存在的证据，但大家还是禁不住会往那儿想。人们总是觉得，在如此浩瀚、复杂、美丽的宇宙中，一定还有其他生命存在于别处，某个未知的地方……"

但是，任务团队的科学家们自有看法：这些亮区可能是矿物盐在次表层的冰升华后形成的大片沉积物。细节特征表明，它们可能类似于碳酸钠和碳酸氢钠。在地球上，这两种化合物俗称苏打和小苏打。

"虽然每个人都特别希望那些亮区住着外星人，"比恩说，"但让我觉得讽刺的是，那可能只是再普通不过的东西，就好像你在地球上任何一家杂货店里都能看到的小商品一样。"

谷神星表面有 130 多个亮区，其中大部分都在陨坑的里面。任务团队的科学家们说，亮区分布的全球性表明谷神星有一个次表层，其中含有咸水冰。陨坑形成时，剧烈的撞击把这些冰盐混合物"挖"了出来。

雷曼说，这些盐会反光，所以看起来更明亮。奥卡托坑和其他亮区的上方似乎弥漫着水汽，这意味着现在仍有冰在升华。这可能证实了之前欧洲空间局的发现。2014 年，欧洲空间局的赫歇尔空间望远镜（Herschel Space Telescope）曾在谷神星周围探测到水汽。

出人意料的是，谷神星竟然是一个活跃天体。

奥科索坑（右）。这里是谷神星表面唯一探测到有水的地方。图片来源：美国国家航空航天局、加州理工学院-喷气推进实验室、加州大学洛杉矶分校、马克斯·普朗克太阳系研究所、德国宇航中心、国际暗夜协会、行星科学研究所

此图由"黎明号"拍摄的多张图像拼合而成，图中可见神秘的阿胡那山（Ahuna Mons）。这些图像拍摄于2015年12月，当时"黎明号"处在低空测绘轨道上，飞行高度385千米。阿胡那山的直径约为20千米，最陡峭的一侧高度约为5千米。研究人员正在探索这一地貌的可能成因。

图片来源：美国国家航空航天局、加州理工学院-喷气推进实验室、加州大学洛杉矶分校、马克斯·普朗克太阳系研究所、德国宇航中心、国际暗夜协会、行星科学研究所

　　"谷神星是内太阳系唯一由岩石和冰组成的大天体。"雷曼说，"而且跟木星和土星的卫星不一样，谷神星没有受到任何引潮力，也就没有因此升温。但是，它接受的日照确实更多，所以了解这个世界的动态变化真的让人痴迷。这一发现与谷神星存在大量水的结论一致，同时也揭示了谷神星的内部情况。"

　　尽管科学家确定谷神星有水，但他们的目标是弄清楚那里的水到底是完全结成了冰，还是以液态形式在地表下流动。目前有两个证据指向地下冰：一是谷神星的密度小于地球地壳的密度，二是从谷神星表面得出了含水矿物的光谱证据。科学家估计，倘若谷神星的25%由冰组成，那就比地球上的淡水总量还要多。

　　"黎明号"还在研究谷神星上一座不寻常的山——阿胡那山。

　　"这座山最初被称为孤山（Lonely Mountain），"雷曼说，"因为它在四周相对平滑的区域里显得十分突兀。山体上有明亮

的条纹，一侧暗一侧亮，看起来好像有什么东西顺着陡峭的山坡流了下来。遗憾的是，有些人错误地把它称为金字塔，但它其实更像一个没尖儿的圆锥体。"

阿胡那山可不是小山包，它的平均高度约为 4 千米[①]，与北美洲最高的德纳里（Denali）峰齐肩。

"不管它究竟是不是火山，"雷曼说，"它都很有可能会揭示关于谷神星内部地质作用的重要奥秘。它不仅是一大坨岩石和冰，更是一个真实、活跃、复杂的世界。"

直到尽头……

"黎明号"的主要任务原定于 2016 年年末结束，不过它说不定能多撑几个月，直到机动推进系统的肼燃料耗尽。尽管有的动量轮失灵了，还剩多少肼燃料也不确定，工程师们还是提出了一个大胆的想法：让"黎明号"使用离子推进系统飞出绕谷神星的轨道，然后飞掠小行星带的另一个天体——导神星（Adeona）。虽然美国国家航空航天局已经同意延长"黎明号"任务，但局里的结论是——"与飞掠导神星相比，长期监测谷神星可能会获得更有意义的科学发现。"行星科学部主任吉姆·格林如是说。因此，"黎明号"将留在谷神星，但毫无疑问，飞掠导神星的提议令人振奋，再次证明了离子推进的优势。

---

① 此处原文为 20,000 feet，即 20 000 英尺，合 6.096 千米，但据美国国家航空航天局官网，阿胡那山的平均高度为 4 千米，最陡处的高度为 5 千米。

谷神星的格伯坑链（Gerber Catena），由"黎明号"在低空测绘轨道上拍摄。
图片来源：美国国家航空航天局、加州理工学院-喷气推进实验室、加州大学洛杉矶分校、马克斯·普朗克太阳系研究所、德国宇航中心、国际暗夜协会

　　归根结底，决定"黎明号"寿命的主要因素仍然是肼燃料。比恩说，很难估计到底还剩下多少。

　　"我们使用肼燃料让探测器转向，要么是为了将天线指向地球进行通信，要么是为了对准目标进行观测。"比恩解释说，"我们将继续这样操作，尽可能地多获取数据，直到燃料耗尽。"

　　燃料耗尽之后，"黎明号"仍将在一个稳定的轨道上绕谷神星运行，或许还能再坚持几十年。

　　"它将成为谷神星的一颗小卫星。"比恩说，"燃料用完以

后，我们就再也没有机会与它通信了，因为没有燃料，它无法控制朝向，也无法将太阳能电池板对着太阳。这意味着在燃料耗尽后不久，电力也将耗尽。"

因此，"黎明号"的终结将平静地到来，就像它当初波澜不惊地造访了两个外星世界。

"这让我很是伤感。"比恩依依不舍地说，"这是一项史无前例的长期任务，可总有一天，我们再也听不到它的消息。"[①]

但是，谷神星仍有很多东西有待我们去发现。雷曼反思了这次任务以及太空探索的意义。

"尽管我们自身还无法离开小小的地球家园，但我们借助无人航天器扩大了探索的范围，完成了伟大的冒险。"他沉思着说，"我们这样做是为了领略宇宙的壮观，也是为了把探索的激情转化成实际行动。谁没有好奇地凝视过夜空？谁不想越过下一个地平线，看看那边有什么？谁不渴望了解宇宙？不管你是谁，只要你曾有过这些想法和感触，你就是这次任务的一部分。我认为，与大家分享这些经历和感受正是宇宙探索中最刺激、最开心、最有成就感、最有意义的地方。"

[①] "黎明号"任务在 2016 年 7 月和 2017 年 11 月两次延期，最终于 2018 年 11 月 1 日正式结束。"黎明号"探测器累计飞行了 69 亿千米，离子推进时间总计 51 385 小时，收集了 172GB 的科学数据，绕灶神星和谷神星合计飞行 3 052 周，拍摄了 10 万张图像。

第五章

搜寻行星：
"开普勒"与外星世界

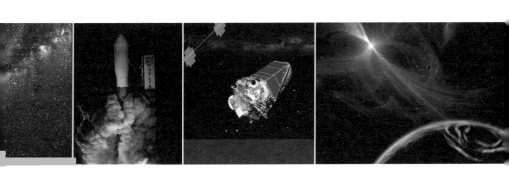

不同的宇宙观

2012 年一个晴朗的夜晚，天体物理学家纳塔莉·巴塔利亚（Natalie Batalha）出门跑步。那晚繁星满天，但她心无旁骛，脑中反复回放着她和团队利用开普勒太空望远镜所做的计算——他们试图确定银河系有多少环绕其他恒星运行的行星。

结果令人震惊。"开普勒"的数据表明，银河系的每颗恒星至少拥有一颗行星，而银河系的恒星数量估计在 1 000 亿~3 000 亿，这意味着整个银河系可能有数千亿颗行星。在这些行星中，只要有很小一部分（比方说 10%）跟地球大小差不多，而当中又刚好有 10% 离它们的恒星不远不近，处于所谓的**宜居带**（habitable zone），那么银河系中可能有至少 10 亿个地球大小的宜居世界。

银河系可能到处都有行星，生命或许无处不在。不到 30 年

开普勒太空望远镜处于太空中的艺术概念图。
图片来源：美国国家航空航天局、艾姆斯研究中心

前，天文学家还不确定太阳系以外是否也有行星。巴塔利亚和她的团队这次的计算结果非同小可：潜在宜居世界的范围可能比我们想象的要大得多。想到这，她停下脚步，抬头看向星空。

当时，巴塔利亚住在加利福尼亚州，为美国国家航空航天局艾姆斯研究中心（Ames Research Center）工作，担任开普勒任务的科学家。"在很长一段时间里，我一直从理论角度思考平均每颗恒星有多少颗行星。"她说，"但是四年前的那个晚上，当我抬头看向天空的时候，霎时间，那些小光点在我眼里不再只是恒星，而是行星系统，是离我们非常遥远的其他'太阳系'。就这样，我观察宇宙的角度发生了巨大转变。"

开普勒任务的联席研究员纳塔莉·巴塔利亚。她手捧着首颗已证实的岩质系外行星开普勒-10b 的模型。
图片来源：美国国家航空航天局、开普勒任务

巴塔利亚的生活几乎离不开"开普勒"发来的统计数据，这自然跟普通人的生活不一样。尽管如此，她的顿悟依然很有代表性，那一刻标志着人类对自身在宇宙中的地位有了全新的认识和理解。过去几年，随着开普勒太空望远镜不断取得新发现，我们的认知不断被刷新。这项任务无疑改变了人类的宇宙观。

我们是孤独的吗？

"我们是孤独的吗？"这个问题已经提出好几百年了，但有关系外行星的结论性数据相对较新。

"对我来说，这是最令人兴奋的问题。"开普勒任务的资深研究科学家托马斯·巴克利（Thomas Barclay）说，"能够参与这项伟大的任务，跟团队共同扛起解答这一问题的责任，我激动万分，同时也感受到人类的渺小。"

巴克利指出，在这个问题上通常有两种对立的观点：一种认为宇宙如此之大，必然有其他生命存在于别的什么地方；另一种认为地球是独一无二的，生命起源之际那些不计其数的巧合，基本不可能在宇宙的其他地方重现。

2009 年 3 月 6 日，佛罗里达州卡纳维拉尔角空军基地，"德尔塔 II 型"火箭搭载开普勒太空望远镜从 17-B 发射台发射升空。
图片来源：美国国家航空航天局、雷吉娜·米切尔-赖亚尔（Regina Mitchell-Ryall）和汤姆·法拉尔（Tom Farrar）

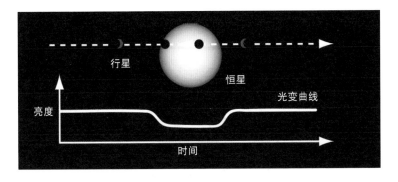

观察者眼中一颗行星从其恒星前方经过的现象被称为"凌星"。凌星会导致恒星的亮度微弱降低。如果恒星大小已知，科学家可以测量恒星亮度减弱的程度，进而确定行星的大小（半径）。另外，通过测量两次凌星事件的时间间隔，科学家还可以得出行星的轨道周期，进而确定行星与其恒星的平均距离。

图片来源：美国国家航空航天局艾姆斯研究中心

  远在古希腊的著述中，人类就想了解是否还存在其他的世界和文明。但在 1994 年[①]之前，没有与系外行星相关的真实数据，人类只是依靠直觉和猜测回答这个问题。科学家不喜欢猜测，他们希望从数据中寻找答案。

  "外星生命是存在的，这是一个很难证实或证伪的命题。"巴克利说，"但开普勒任务所代表的信念是，我们并不孤独，我们要尽最人努力寻找外星生命。"

  开普勒太空望远镜发射于 2009 年，目标是确定银河系的数千亿颗恒星中，有行星的占多大比例，尤其是跟地球大小相近或更小的岩质系外行星。另外，科学团队还想确定，其他"太阳系"是跟我们的类似，还是截然不同。就我们目前所知，生命需

---

① 应为 1992 年，原书有误。

要液态水。"开普勒"致力于寻找位于宜居带内或附近的系外行星。一颗恒星的宜居带亦称"金发姑娘[①]带"（Goldilocks zone），那里既不太热，也不太冷，刚刚好能让液态水存在。

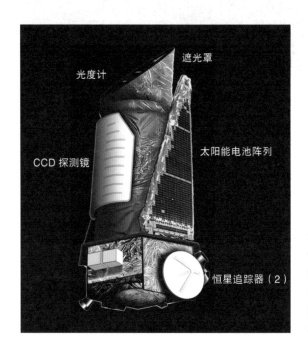

光度计

遮光罩

CCD 探测镜

太阳能电池阵列

恒星追踪器（2）

开普勒太空望远镜各组件和光度计的位置。
图片来源：美国国家航空航天局艾姆斯研究中心

　　系外行星离我们太远了，在大多数情况下，无法被望远镜"看到"。其实，"开普勒"不是真的"看到"系外行星，而是使用"凌星法"搜寻系外行星。当一颗行星从它的恒星前面经过时，它会阻挡恒星发出的一小部分光线。你可以把这种现象理解成一次迷你日食。在我们的太阳系中，如果从地球上的有利位置

① 金发姑娘，英国童话故事人物，只喜欢"不冷不热的粥"以及其他"刚刚好"的东西，所以后来人们常用"金发姑娘"代指"刚刚好"。

观察太阳[1]，那么当水星或金星从太阳前面经过时，我们会看到同样的现象，这被称为"凌日"。

但是行星比恒星小太多，所以只能阻挡极少一部分光线，更何况这些恒星和行星都离我们如此遥远。"开普勒"同时监测16.5万颗恒星，能探测到极其微弱的闪烁，将0.02‰这样微小的亮度变化记录下来。这是什么意思呢？天文学家打了一个生动的比方。正值夜晚，你从几千米或十几千米以外的地方看向车流滚滚的高速路，居然能够发现一只跳蚤从一辆车的前灯前面穿过。要确认这次目击结果属实，你至少还要再看到那只跳蚤一次，以免误报。

此外，通过研究亮度数据，科学家还可以确定行星的大小、轨道周期甚至是温度，从而进一步确定它是否有宜居条件。

大多数航天器都配有多部仪器，但"开普勒"只有光度计（photometer）。"photo"的意思是光，"meter"的意思是计量仪，所以简单地说，"开普勒"能够测量恒星的亮度，但测量精度极高。它的光度计包含一台望远镜，后者配备了太空探索史上最大的相机之一，分辨率高达9 500万像素。

"开普勒"监测一个100平方度的大区，大小相当于两个北斗星的"斗"并排。这个布满恒星的区域位于天鹅座（Cygnus）和天琴座（Lyra）之间，恒星数量估计在1 400万左右（有些远在3 000光年以外），是搜寻系外行星的理想区域。

不同于地基望远镜，开普勒太空望远镜处在太空中，不受

---

[1] 请注意在任何时候都不要直视太阳，以免对眼睛造成永久性损伤。

云层和昼夜更替的影响，可持续盯住同一个天区，不间断监测成千上万颗恒星的任何亮度变化。与绕地球运行的哈勃空间望远镜不同，"开普勒"处在环绕太阳的**地球尾随轨道**（Earth-trailing orbit），距离地球约 9 600 万千米。

"开普勒"为我们提供有关系外行星的全局性信息。根据它对目标天区的观测结果，科学家可以推断出整个银河系的情况。这与问卷调查或民意测验类似，也就是说接受调查的少数人可以代表大多数人。

开普勒任务的视场，位于天鹅座附近。
图片来源：美国国家航空航天局

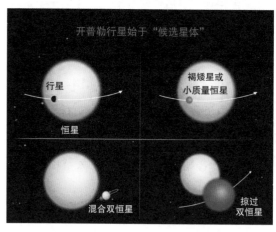

开普勒行星始于"候选星体"

行星

恒星

褐矮星或小质量恒星

混合双恒星

掠过双恒星

科学家需要核实"开普勒"发现的候选星体，以便确定它们到底是行星还是酷似行星的小恒星或者其他类型的天体。
图片来源：美国国家航空航天局艾姆斯研究中心、W. 斯滕泽尔（W. Stenzel）

"开普勒任务是一项统计学任务。"巴塔利亚解释说,"我们正在调查一块或者说一幅天区内的行星,以便了解整个银河系的星体统计数据,确定其中拥有行星的恒星占多大比例。"

　　截至我写作本章时,"开普勒"共发现 2 325 颗已证实系外行星,另外还有 3 412 颗疑似行星有待证实,后者可以类比前文提到的跳蚤。在开普勒任务之前,已知的系外行星还不到 300 颗。

　　2014 年 4 月,开普勒任务的科学家宣布,他们发现了首颗类似地球大小且运行轨道在宜居带内的系外行星。随后,更多这样人类梦寐以求的行星被发现和证实。开普勒团队据此估计,银河系中有几十亿颗适合生命存在的类地行星。

　　为什么要寻找如此遥远的行星呢?

　　巴塔利亚说,我们不是在"集邮"——在天文学领域,这个说法有时用来指无用的科学。

　　"'开普勒'旨在回答一个非常具体的问题:拥有地球大小且潜在宜居的行星的恒星在银河系里占多大比例?"她说,"带着这个问题的答案,我们才好继续寻找地外生命存在的证据。'开普勒'朝这个大目标迈出了重要的一步。"

　　但是,"开普勒"进入太空的旅途并不顺利。

早期的行星搜寻

　　无线电台从 20 世纪 20 年代开始广播,没多久科学家便意识到,无线电波正以光速将我们的广播节目(以及后来出现的电视节目）播送到太空中，到现在可能已经在银河系里走了很远。科学家想知道情况是不是可以反过来：如果一个遥远的外星文明也在制作和播送类似的节目信号，我们能收听到吗？

1959 年，天文学家弗兰克·德雷克（Frank Drake）率先提出地外智慧生命搜寻（search for extraterrestrial intelligence，SETI）的想法，也就是主动搜寻外星无线电广播。到目前为止，这场搜寻仍一无所获，只剩下少数人还在坚持。天文学家已经意识到，随着我们播送的节目（尤其是电视节目）从模拟信号转成数字信号，地球上人为产生的无线电信号正在减弱，而且可能只会持续很短的时间。如果外星文明真的存在，那可能也面临同样的情况。

在银河系中搜寻真正意义上的系外行星，这其实比侦听地外无线电信号更难，因为系外行星太小、太遥远，何况它们本身还不发光。20 世纪 60 年代，天文学家想出了一个办法：通过探测行星对其恒星的影响来寻找行星。即使是最小的行星，也会对它的恒星产生引力拖拽。通过使用多种不同方法精确测量，我们就能揭示它的存在。

天体测量法（astrometry）：这种方法可以精确地测量目标恒星相对于周围其他恒星的位置。目标恒星的任何"摆动"和运动幅度，都可以提供行星质量和轨道等方面的信息。

径向速度法（radial velocity）：当目标恒星及其行星绕着二者共同的质心旋转时，行星的引力会使恒星的径向速度发生微弱变化，进而使恒星的光谱出现多普勒频移（Doppler shift）。通过测量这种光谱频移，科学家可以测出恒星速度的微小变化，从而确定行星的存在并获取这颗行星的相关信息。

凌星法（transit）：当行星从恒星前方经过时，恒星的亮度会发生微弱变化。通过测量恒星的亮度变化，我们可以获知有关这颗行星的很多信息，比如半径和周期（行星沿轨道运行一周需要的时间）。如果一个系统包含多颗行星，它们之间相互作用的动态可以帮助科学家确定每颗行星的质量。

无论采取哪种方法，行星越大、越靠近其恒星，那么恒星在位置、光谱或亮度上的变化就越大。由于最大和最靠近恒星的行星最容易被发现，所以很自然地，最早发现的系外行星大多跟木星一样大，或者更大，而且运行轨道非常靠近恒星。

PSR B1257+12 脉冲星及其行星系统的艺术概念图。这个系统有 3 颗行星，它们围绕着一颗脉冲星运行。该系统由亚历山大·沃尔兹森（Aleksander Wolszczan）在 1992 年使用波多黎各的阿雷西博射电望远镜发现，这是人类首次发现系外行星。

图片来源：美国国家航空航天局、加州理工学院-喷气推进实验室

1994 年①，人类使用地基巨型望远镜首次证实系外行星的存在。天文学家发现 3 颗行星绕一颗**脉冲星**（pulsar）运行的证据（脉冲星是高速旋转的超新星残骸，密度很大）。1995 年，科学家首次发现绕类日恒星运行的系外行星，其大小约为木星的一半，公转速度极快，轨道周期仅 4 天。在那之后，新的发现接踵而来。截至 2000 年，我们已发现 50 多颗系外行星。

这些新发现的系外行星在振奋人心的同时也不免令人失望，因为其中没有一颗能支持我们所知的生命形式。它们要么是气巨星，要么运行轨道离恒星太近，被恒星辐射烘烤成灼热的地狱，根本不适合生命存在。

2006 年，欧洲空间局发射了首个寻找系外行星的航天器——对流、自转与行星凌星（Convection, Rotation and planetary Transits，CoRoT）人造卫星。与开普勒太空望远镜一样，这个航天器的目标也是搜寻凌星事件。它总共发现了 32 颗已证实系外行星，其他发现仍有待证实。2013 年，它的主计算机出现故障，任务结束。

同时，地基望远镜也在继续搜寻系外行星，其中最成功的包括美国夏威夷的凯克天文望远镜（Keck telescopes）、智利拉西拉天文台（La Silla Observatory）的高精度径向速度行星搜索器（High Accuracy Radial velocity Planet Searcher，HARPS）以及西班牙加那利群岛上的北半球高精度径向速度行星搜索器（HARPS-N）。

---

① 应为 1992 年，原书有误。

开普勒任务简史

开普勒任务告诉我们，成功需要坚持不懈。在获得美国国家航空航天局最终批准之前，这项任务的筹划者先后提交了 5 份不同的计划书，提议建造一台能够搜寻系外行星的空间望远镜。这是一场"圣战"，头号领军人物是比尔·博鲁茨基（Bill Borucki）。

博鲁茨基是美国国家航空航天局艾姆斯研究中心的物理学家，在 20 世纪 60 年代曾参与开发"阿波罗号"登月任务的隔热罩。

起先，美国国家航空航天局"地外智慧生命搜寻计划"让他萌生了这个想法，该计划当时就设在艾姆斯研究中心。随后在 1971 年，天文学家弗兰克·罗森布拉特（Frank Rosenblatt）发表论文，提出用创新的凌星法寻找系外行星。这篇论文的读者不多，罗森布拉特本人也在 1973 年去世，他的想法渐渐被人遗忘。然而，博鲁茨基一直记得，并且在不知不觉间受到启发。

1984 年，博鲁茨基与人合著论文，证明用罗森布拉特提出的方法探测系外行星是可行的。他指出，地面观测足以发现木星大小的系外行星，但是要想发现地球大小的系外行星，人类需要一个太空观测台。他很清楚这项任务需要更先进的技术，所以他坚持研究这个概念，甚至还从美国国家航空航天局申请到一笔资金，制造了一个光度计，用于概念验证。

比尔·博鲁茨基。
图片来源：美国
国家航空航天局
艾姆斯研究中心

1992 年，美国国家航空航天局宣布"探索计划"（Discovery
Program），面向一批成本更低、重点突出的太空科学任务。在
1992 年、1994 年、1996 年和 1998 年，博鲁茨基和同事先后提
交了 4 份计划书，但是美国国家航空航天局出于技术和成本方面
的疑虑不予采纳。

计划书遭到否决或许另有原因。当时，大多数科学家并不
完全相信系外行星的存在。

"说白了就是天体物理学界还没有完全接受系外行星。"美
国国家航空航天局"系外行星探索计划"首席科学家韦斯利·特
劳布（Wesley Traub）说，"因此对这个研究方向有很多负面的
声音。"

特劳布说，这不禁让人想起很多年前行星科学家如何大费
周章，才说服天文学家把太阳系行星纳入天体物理学的研究范

围，并把望远镜的使用时间分出一些给行星科学。这也许可以解释为什么直到 1978 年人们才发现冥卫一。

过去，有些科学家认为，在银河系中寻找系外行星和外星生命相当于"搂草打兔子"。特劳布说："这件事不在传统天文学的范畴之内，但如今技术上完全可以做到，很多科学家和普通公众也很感兴趣。"

此外，"在科学意义上判定宇宙中可能存在外星生命"与"自认为目击过飞碟"有着天壤之别。

任务受阻还有资金方面的原因。美国国家航空航天局当时的预算很有限（其实现在仍然如此），筛选任务的依据是所谓的**十年调查报告**（Decadal Survey）。这份报告由科学家编写，一是确定首选研究方向，二是对未来 10 年的太空任务和资金分配提出建议。直到 2010 年，才有系外行星任务进入推荐名单。

博鲁茨基的执着说服了所有决策者，让他们看到了这个概念的价值所在。2001 年，美国国家航空航天局终于同意资助建造开普勒太空望远镜。这台望远镜的名字取自 17 世纪天文学家约翰内斯·开普勒（Johannes Kepler），是他首先描述了行星的运动规律。

"比尔的提议多次遭到否决，但他从不介意，坚持到底，因为他热爱科学和发现的过程。"巴塔利亚在评价博鲁茨基时说，"在我看来，他体现了美国国家航空航天局的精髓——孩童般的探索热情，孜孜不倦的职业操守，大胆创新的冒险精神，还有闹着玩似的折腾。"

震惊

让我们快进到 2009 年。开普勒太空望远镜成功发射，到达预定轨道，进入为期 10 天的试运行阶段，全面检查所有系统。在最初的观测中，科学家看到一个撩人的信号。在大约 540 光年外的地方有颗恒星，它有一颗体积不大的疑似行星。这颗疑似行星后来得到证实，并被命名为开普勒-10b，是开普勒太空望远镜发现的第一颗岩质类地行星。它的质量大约是地球的 4.6 倍，直径比地球大 40%，不在其恒星的宜居带内。

开普勒-10b 与其恒星的距离不到水星与太阳距离的 1/20，所以它必定是个烧焦的世界，白昼温度预计超过 1 300 摄氏度。开普勒团队已经确定，这是一颗岩质行星，有坚硬的表面，质量是地球的 4.6 倍，直径是地球的 1.4 倍。
图片来源：美国国家航空航天局、开普勒任务、达娜·贝里（Dana Berry）

"开普勒 10b 是我个人的最爱之一，"巴塔利亚说，"因为它是'开普勒'发现的第一颗岩质系外行星，当然还因为它不仅证明了'开普勒'的能力，还预示我们会有更多新发现。"

这是一个极端的世界。开普勒-10b 到其恒星的距离比水星到太阳还要近，它的轨道周期或者说行星年仅 20 小时。科学家把它称为**超级地球**（super-Earth），也就是一颗比地球质量大但主要由岩石构成的行星。

"后来我们又发现了几颗这样的行星，而真正令人惊叹的地方在于，它们都有一面始终朝着恒星，上面熔岩四溢。"巴塔利亚说，"那是一片熔岩海洋，温度超过铁的熔点。"

这是一个振奋人心的开端。接下来，在任务最初 43 天收集的数据中，"开普勒"发现了 750 多颗疑似系外行星，这是一个惊人的数字。

"寻找系外行星居然这么容易，我想这让每个人都感到震惊。"巴克利说，"之前，人类发现的每颗系外行星都被视若珍宝，而有了'开普勒'之后，每次数据分析都不落空。"

托马斯·巴克利。
照片由本人提供。

巴克利想起任务团队召开每周例会的情景：一位名叫杰森·罗（Jason Rowe）的科学家给他的笔记本电脑插上电源，"展示本周我们在数据中找到的好东西，而我们会在看到新的凌星事件时发出'噢噢''啊啊'的惊叹声。那真是令人激动的时刻。我们每个人都意识到，那是有生以来我们第一次看见这些东西，我们对自身在宇宙中的地位的认识将会因它们而发生改变。"

另外，任务团队还首次发现了拥有多颗行星的其他"太阳系"。事实上，在已发现的系外行星中，超过三分之一都处于多行星系统。在很多其他"太阳系"里，多颗行星聚在一起，轨道间距很小，轨道周期或者说行星年还不到地球上的几个月，这跟我们的太阳系大不一样。

还有别的惊喜。

"'开普勒'取得了很多非常有趣的发现，这包括一个新的行星类别。多亏有'开普勒'，我们才知道，这类行星原来是目前来说宇宙中最常见的行星类型。"巴塔利亚说，"它们的大小介于地球和海王星之间，我们称之为**超级地球**或者**亚海王星**（sub-Neptune）。"

可在我们的太阳系里没有这样的行星。

"根据'开普勒'的数据，这类行星无处不在，但在我们的太阳系里就是没有。作为一名系外行星科学家，我觉得这是整个任务最令人震惊的发现。"巴克利说，"事实上，在开普勒任务之前，一篇非常著名的论文预言，宇宙中不存在大小约为地球 2.5 倍的行星。如今我们发现，这样的行星对应着'开普勒'数据库中最常见的数据集。如果把我们的观察结果转化成统计数据，你会发现，这样的行星普遍存在于整个银河系。"

巴塔利亚指出，我们唯一的希望恐怕只能寄托在那颗远在冥王星之外、目前尚未发现的神秘行星身上。作为一名天文学家，迈克·布朗曾先后发现创神星和阋神星等一众天体。2016 年年初，他和加州理工学院的同事康斯坦丁·巴特金（Konstantin Batygin）提出，在太阳系的外围可能潜伏着一颗很大的行星，俗称"第九大行星"。它的存在是推断出来的，因为其他几个柯伊伯带天体的轨道似乎都受到了一个未知天体的影响，其质量可能达到地球的 10 倍。

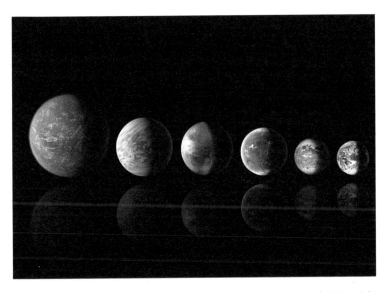

这张艺术概念图描绘了一组处于宜居带内且与地球有相似之处的系外行星，左起依次为：开普勒-22b、开普勒-69c、开普勒-452b、开普勒-62f 和开普勒-186f，队伍的末尾是我们的地球。

图片来源：美国国家航空航天局、艾姆斯研究中心、加州理工学院-喷气推进实验室

从假想的太阳系"第九大行星"背后看向太阳的艺术渲染远景图。科学家认为，这颗行星是类似于天王星和海王星的气态行星。

图片来源：加州理工学院、红外线处理分析研究中心（IPAC）的 R. 赫特（R. Hurt）

　　布朗说，现有的望远镜很有希望找到这颗神秘行星，因为他的研究已经指明了搜索区域。

　　"或许我们的宇宙邻居里终究有一颗超级地球。"巴塔利亚说，"这个推断到底对还是不对，科学界非常关注。"

　　但巴塔利亚说，这个新的行星类型还有太多未知的东西。系外行星科学家最大的疑问是：它们是由什么物质组成的？

　　"在岩质行星与气巨星之间是不是还有一种过渡类型呢？"巴塔利亚非常想知道，"再者，可能存在大小是地球三倍的纯岩质行星或者纯气态行星吗？如果真的存在，它们是怎样形成和保持形态的？我们正在利用'开普勒'的数据仔细研究这些问题。"

说说煎饼与行星

同样令人惊喜的是，"开普勒"发现了大多数行星系统的一个共有性质——形状极为扁平。换句话说，在一个行星系统内，所有行星的轨道几乎都在同一个平面上。这正是"开普勒"平视这些行星系统时所见到的真实景象。

"如果我们把行星轨道的形状整体上比作煎饼，"巴塔哈解释说，"在我们的太阳系里，行星轨道基本上共面排列，只有个别轨

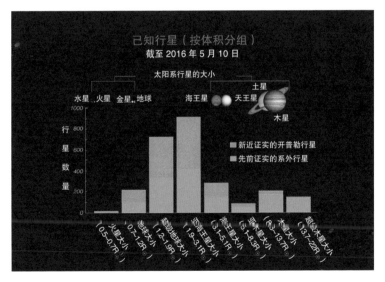

截至 2016 年 5 月 10 日所有已知系外行星的数量（按体积分组）。蓝柱代表所有先前证实的系外行星，黄柱代表新近证实的开普勒行星。

图片来源：美国国家航空航天局、W. 斯滕泽尔

---

① R⊕，长度单位，常用于天文学和地球物理学，代表地球半径，1R⊕≈6 371 千米。

道不太整齐，所以看起来像一张蓬松的煎饼。相比较而言，'开普勒'看到的大多数行星系统极为扁平，看起来更像薄煎饼。"

"开普勒"用凌星法搜寻系外行星。根据凌星法的原理，只有轨道碰巧与"开普勒"视线几近齐平的行星，才能被"开普勒"看见。大多数行星系统的形状都扁平如薄煎饼，所以"开普勒"总是能够看到凌星事件。

"'开普勒'发现的行星多到令人惊讶。"巴塔利亚说，"真的，这表明我们发现了共面扁平系统这一新的结构。"

数不清的系外行星

"开普勒"构建的系外行星图景宏大而令人震撼，每颗行星、每个行星系统都各有特色，发人深思。

"我们发现了许许多多有趣的系外行星。"巴塔利亚说，"我最喜欢的原型行星，数量多到可以编成一本花名册。它们展现了银河系行星的多样性，而在'开普勒'发射之前，我们根本不知道银河系存在这样的多样性。"

2011 年，任务团队宣布发现了一颗**环绕双恒星公转的行星**

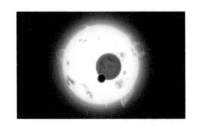

开普勒-16 系统的艺术概念图，显示开普勒-16 围绕双恒星运行。

图片来源：美国国家航空航天局、加州理工学院-喷气推进实验室

（circumbinary planet），这不禁让人想到《星球大战》里卢克的故乡塔图因行星。

"如果你生活在一颗环绕双恒星公转的行星上，你每天会看到两个太阳从东方升起，在西方落下。"巴塔利亚惊奇地说，"两个太阳在划过天空时，可能还会改变位置。这样的异域景象极大地激发了我的想象力。"

"开普勒"还发现了一些难以归类的古怪行星，包括一颗被沸水覆盖的行星和一颗被其恒星撕裂的行星。还有一颗行星类似海王星，但它的轨道离一颗岩质行星的轨道很近。

在"开普勒"的数据中，有几颗系外行星的恒星非常古老，跟银河系一样古老。天文学家借助"开普勒"并应用**星震学**（asteroseismology）方法来确定恒星的年龄等各项参数。所谓星震学，就是通过测量声波给恒星"听诊"。利用这种方法，天文学家发现了一个已存在 110 亿年的系统，该系统包含 5 颗比地球小的岩质行星。任务团队称，这一发现表明，在宇宙 138 亿年的历史中，早期就已有地球大小的行星形成，这增加了银河系中存在古老生命和高级智慧生命的可能性。

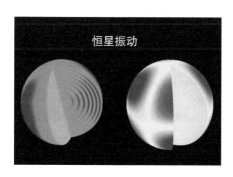

利用星震学方法，我们可以将恒星的亮度变化解释为振动或恒星内的振荡，进而推测出恒星的内部结构。这与地震学家通过地震波探测地球内部的方法大致相同。

图片来源：美国国家航空航天局艾姆斯研究中心

"这非常有意思。"巴塔利亚说，"因为这让我想到，在那些古老的系外行星上，文明的进化时间可能比地球的两倍还要多。那些世界上会有什么样的生命呢？"

内太阳系行星与开普勒-186系统的对比。开普勒-186是天鹅座的一个恒星系统，距离地球约500光年，包含5颗行星。该系统的恒星是一颗M型矮星，体积和质量约为太阳的一半。

图片来源：美国国家航空航天局艾姆斯研究中心、地外智慧生命搜寻研究所（SETI Institute）、加州理工学院-喷气推进实验室

开普勒-37系统的行星与太阳系天体的体积对比。

图片来源：美国国家航空航天局、艾姆斯研究中心、加州理工学院-喷气推进实验室

最令人兴奋的发现，或许是首次在恒星的宜居带找到一颗地球大小的岩质行星。这颗名为开普勒-186f的系外行星真的是地球的孪生星球吗？现在下结论为时尚早。不过，科学家已经相当肯定，与地球相似的系外行星确实存在。

"对开普勒团队而言，那是一个意义深远的时刻。"巴克利说，"跨过这道分水岭，我们几乎可以宣布大功告成了，因为我们已经颠覆了人类对宇宙的认知。这一发现告诉我们，宇宙中有跟我们的地球家园一样的地方。"

开普勒-186是一颗490光年外的红矮星，目前已知有5颗行星围绕它运行，其中最外面的那颗是开普勒-186f。这颗行星的轨道周期是130天，而且就处于该系统宜居带的外缘。

巴克利个人最钟爱的是迄今为止最小的系外行星——开普勒-37b。

"我为这个发现自豪！"他说，"因为开普勒-37b比水星还小，很难探测到。这表明，开普勒太空望远镜不仅能发现巨大的热木星，也能发现比最小的太阳系行星还要小的天体。这个发现真的体现出系外行星系统的多样性。"

开普勒-37b距地球约210光年，比月球略大，约为地球大小的三分之一。

所有这些发现都令人激动。巴克利说："我们人手很多，日常运行稳定有序，新的科研建议层出不穷。可是没想到，'开普勒'突然坏了。"

K2

2013 年 5 月 14 日，"开普勒"的一个动量轮失灵了。动量轮类似陀螺仪，能让望远镜保持稳定，并且精确指向目标视场。这次故障令人非常担忧，因为大约 1 年前，已经有一个动量轮罢工了。"开普勒"共有 4 个动量轮，而它至少需要有 3 个正常工

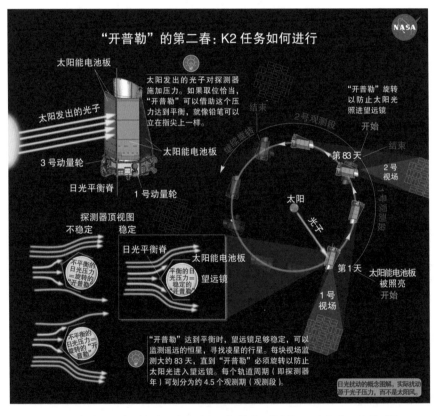

工程师们想出了一个创新的方法来稳定和控制"开普勒"，让它把太阳当作"第三个动量轮"，继续搜寻系外行星，并取得有关年轻恒星和超新星的新发现。

图片来源：美国国家航空航天局艾姆斯研究中心、W. 斯滕泽尔

作的动量轮才能精确指向目标视场，搜寻系外行星。

"老实说，大约 6 个月前，我们就有预感。"巴克利说，"很
明显，2 号动量轮已经时日无多了。这是一次沉重的打击，我们
都很沮丧。但很多人都在想，一定能做些什么来挽救这台伟大的
望远镜，毕竟它还在太空中。"

让大家感到安慰的是，就算"开普勒"从此退役，他们也
能从它已经积累的几 TB 的海量数据中发现更多的系外行星。当
然，也可以考虑将"开普勒"另作他用，比如用于进行不需要如
此精确指向目标的观测。美国国家航空航天局发出召集令，征集
计划书。

与此同时，在"开普勒"的建造商鲍尔航天科技公司（Ball
Aerospace），一位名叫道格·维默尔（Doug Wiemer）的工程师
正在解决其他航天器动量轮失灵的问题。

其实，动量轮问题已经影响了几个任务，特别是在主要目
标完成后延期的任务。

维默尔提出了一个利用**太阳辐射压**（solar radiation pressure）
的理论。当阳光照到航天器表面时，特别是照在表面积很大的太
阳能电池板上时，光子会对航天器施加一个小而显著的力，称为
辐射压（radiation pressure）。它会影响航天器的飞行路线。在计
算航天器的轨迹时，所有导航员都必须考虑它。用太阳帆为小型
航天器提供推力，其概念背后的依据就是辐射压。

维默尔的想法是，调整"开普勒"的姿态和方向，让辐射压
均匀分布在太阳能电池板上（参见图解），从而起到第三个动量轮
的作用。因此，以前航天器要对抗辐射压，现在则是要利用它。

鲍尔航天科技公司的工程团队测试了这个想法，效果很好。

"这是个绝妙的解决方案。"特劳布说，"我必须得承认，作为系外行星探索计划的首席科学家，我花了很多时间跟最聪明的工程师们探讨这个问题，但别人都没想到这个主意。奇迹降临，扭转乾坤，这可是电影或小说里才有的情节啊。"

虽然开普勒太空望远镜没法像过去那样精确地对准目标，但差得不多。作为权衡，它不能再始终指向同一个视场了。在新方案中，它的运行轨道被分成若干个独立的观测段，每段为期83天。在第一个观测段里，它瞄准一个天区。在绕太阳飞行一段距离之后，它受到的辐射压发生改变。接下来，它重新定向，对辐射压做出补偿，进入下一个观测段，在接下来的83天里，观察另一个天区。

"借助太阳辐射压来维持航天器的稳定，这是一个不可思议的办法，一个巧妙绝伦的创意，"巴克利说，"而且效果好得出人意料。"

一个 K2 观测段（为期 83 天）的不同观测目标。
图片来源：美国国家航空航天局艾姆斯研究中心

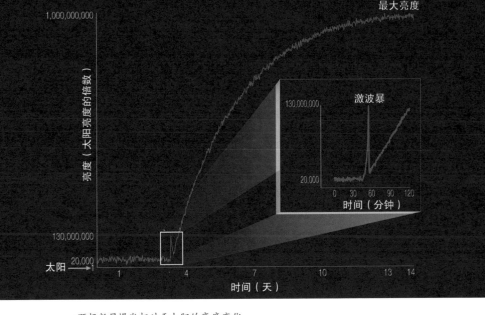

一颗超新星爆发相对于太阳的亮度变化。

图片来源：美国国家航空航天局艾姆斯研究中心、W. 斯滕泽尔

　　"开普勒"已经无法监测最初的目标天区，因此后来的新任务被称作 K2。

　　开普勒任务的科学目标十分明确，而 K2 则"完全是另外一码事"，巴克利说："不仅仅是指向精度的差异，K2 完全是一个革命性的新任务。"

　　K2 目前由全球的科学家共同运营，没有固定的科学目标，这在美国国家航空航天局的任务中十分罕见。一个科学家小组负责在众多观测建议中做出选择，决定望远镜的用途。观测建议主要考虑望远镜在下一个观测段的 83 天里指向的天区。

　　巴克利现任艾姆斯研究中心 K2 客座观测者办公室的主任。"我们正在搞一些令人兴奋的、具有开创性的新科学。"他说，"开普勒任务可做不了这些。我们现在的搜寻目标五花八门，从巨型黑洞到遥远星系的超新星。每搞一轮筛选，K2 的研究范围就扩大一次。"

超新星是大质量恒星的剧烈爆发，但没有人知道何时会发生超新星爆发。凭借其在太空中的开阔视野，K2 可以连续 83 天搜寻超新星。

"差不多每个星系每隔 100 年就会爆发一次超新星，"巴克利说，"因此，如果你同时监测 1 万个星系，你应该能看到相当多的超新星爆发。"

2016 年 3 月，开普勒团队宣布首次捕捉到超新星**激波暴**（shock breakout）从恒星表面突然喷发时发出的耀眼闪光。这场激波暴只持续了大约 20 分钟，天文学家终于有机会研究恒星在变成超新星时发生了什么。这是前所未有的发现，而且后续的观测将帮助科学家更深刻地认识超新星爆发。巴克利说，这个发现是在"开普勒"的主任务期取得的①，"开普勒任务为观测此类壮观事件的演化推开一道门缝，K2 将把这扇门开得更大，让我们看到更多超新星。对于 K2 即将谱写的伟大乐章来说，这只不过是开场序曲而已"！

有些人希望让 K2 研究太阳系行星，因为它们现在也进入了 K2 的视野。然而，系外行星依旧是任务的重要组成部分。

"我们仍然是一个强大的系外行星团队。"巴克利说，"很多开普勒任务的科学家直接转到了 K2，所以我们坐拥一个系外行星专家团，帮我们快速研究数据。我们现在的重点是从地球端更

---

① 这次激波暴实际上是在 2011 年捕捉到的，但直到 2016 年才公布有关发现。

容易观测和研究的恒星，它们离我们近得多，也亮得多。我们想找到最好、最有趣的系统。"

任务团队希望 K2 能够持续到 2017 年年底，唯一的制约因素是燃料。用于维持望远镜姿态的助推器还能工作多久取决于还剩下多少燃料。

"我们很难估计还剩下多少燃料，"巴克利解释说，"这有两个原因。第一，我们只测量燃料罐的压力，而不是助推器的喷出压力；第二，我们不确定燃料罐能不能彻底排空，把燃料都烧完。因此，想算出 K2 还能坚持多久，这还真有点儿难。"[①]

或许，"开普勒"会再次带给我们惊喜，毕竟它曾创下一段不服输的历史。

"这是一个不想放弃、不肯认命的小团队写就的一段东山再起的故事，太精彩了，让人没法不赞叹。"巴克利说，"他们创造了这台神奇的科学机器，吸引整个科学界去搞一些不可思议的新科学。"

行星猎人

不是只有天文学家才能搜索系外行星，你也可以。

行星猎人项目（Planet Hunters）是一个公民科学项目。任何人都可以参与项目，帮助开普勒任务的科学家梳理数据，寻找系外行星的迹象。

---

① 2018 年 10 月 30 日，开普勒太空望远镜耗尽燃料，正式退役。在运行的 9 年半里，它共观测了 530 506 颗恒星，发现了 2 662 颗已证实系外行星。

"我认为这个项目很有价值，"巴塔利亚说，"不管是对开普勒任务团队，还是对项目参与者来说都是如此。这既让公众有机会了解整个科学过程，也让公众有机会真正用自己的发现为科学做出贡献。我相信行星猎人项目和其他公民科学活动有巨大的潜力，一定能取得很多有价值的发现。"

"开普勒"传回了海量数据，天文学家必须依靠计算机来整理数据，搜索疑似系外行星。凌星事件会造成某些奇特的景象，而人脑在识别此类景象方面要比计算机灵敏。这个项目不需要你有任何天文学或系外行星的专业知识。在项目网站 www.planethunters.org，你可以轻松找到入口以及交互式的新手教程。

截至目前，项目进展十分顺利，并且取得了一些重要的发现。两位公民科学家基安·杰克（Kian Jek）和达里尔·勒考尔斯（Daryll LaCourse）发现了第一颗围绕 4 颗恒星运行的行星。为表彰他们对系外行星科学的贡献，美国天文学会（American Astronomical Society）授予两人特别奖。

"允许非专业人员尤其是年轻人体验科学发现带来的那种激动，这在我看来非常重要，怎么强调都不过分。"巴塔利亚说。

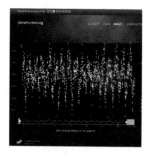

行星猎人项目的屏幕截图。在把亮度数据整理成亮度-时间曲线图（也称光变曲线图）的过程中，项目参与者注意到不同的光变模式。在从小时到天的时间尺度上，光变可能大多由各类变星的星斑或脉动引起。行星猎人项目给相似的光变曲线归类，这是此项重大科学研究的一部分。

图片来源：美国国家航空航天局艾姆斯研究中心、宇宙动物园（Zooniverse）

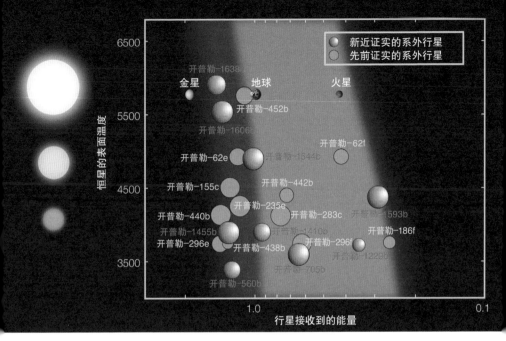

截至 2016 年 5 月 10 日

自 2009 年发射以来,"开普勒"已经发现了 21 颗处于寄主星宜居带内、大小不超过地球两倍的系外行星。橙色球体代表 2016 年 5 月 10 日公布的 9 颗新近证实的此类行星,蓝色圆盘代表先前已知的 12 颗此类行星,球体和圆盘的大小表示它们相对于彼此的大小。横轴代表行星接收到的能量与地球接收到的能量之比,纵轴代表寄主星的表面温度。图中的地球、金星和火星可作为参照物。浅绿和深绿阴影区域分别代表保守和乐观的宜居带。

图片来源:美国国家航空航天局艾姆斯研究中心、N. 巴塔利亚和 W. 斯腾泽尔

系外行星搜寻的未来

2015 年,比尔·博鲁茨基退休,他将搜索系外行星的火炬传给了下一代。

"我此生最大的荣幸就是设计和领导了开普勒任务。这项任

务让我们发现银河系到处都有地球大小的行星，而且很多都处于寄主星的宜居带内。今后新任务使用的仪器能力会更强，必然会帮助我们了解银河系是否到处都有生命。"博鲁茨基说，"我希望全世界的年轻人都能勇敢地接受挑战，探索银河系，继续搜索外星生命，真正搞清楚我们在宇宙中的位置。"

尽管"开普勒"已经发现了潜在宜居的世界，但是怎样才能断定一个遥远的行星是否真的宜居呢？更重要的是，怎样才能知道生命是否曾在那里繁衍生息？

巴塔利亚、巴克利和特劳布都认为，"开普勒"只是让我们对银河系的行星类型有了一点儿粗浅的认识。我们下一步要开发更强大的工具，尝试回答"是否存在地外生命"这个大问题。

"这是一个激动人心的时代，"巴克利说，"我们处在天文学大发现的风口浪尖。"

一系列未来的系外行星任务正在规划当中，首个任务是定于 2017 年发射的凌星系外行星勘测卫星（Transit Exoplanet Survey Satellite），简称"苔丝"（TESS）[①]。"苔丝"的搜索方法与"开普勒"完全相同，即寻找凌星事件。不过，"开普勒"的搜索目标大多远在 500~3 000 光年以外，而"苔丝"的目标恒星则要近得多。"苔丝"的搜索重点也与"开普勒"相同——识别具备液态水等生命要素形成条件的岩质类地系外行星。它将扫描整个天空，监测邻近天区内 50 多万颗恒星。

要确定一颗系外行星是否宜居，最可靠的办法或许是研

---

① "苔丝"已于 2018 年 4 月 18 日发射。

究它的人气。备受期待的詹姆斯·韦伯空间望远镜的口径达
6.5 米，它有望对 K2 和"苔丝"发现的近距系外行星做进一
步的研究，测量这些行星的大气中二氧化碳、甲烷和水蒸气的
含量。

詹姆斯·韦伯空间望远镜计划于 2018 年发射[①]。它是一台红
外望远镜，重点研究宇宙中星系、恒星和行星的形成，回到过
去观察最早形成的恒星和星系，有望成为下一个 10 年的首要观
测站。关于这个任务，你可以在本书的最后一章了解更多信息。

欧洲空间局将在 2024 年前后发射行星凌星与恒星振荡
探测器（Planetary Transits and Oscillations），简称"柏拉图"
（PLATO）。它将研究邻近类日恒星宜居带内的岩质类地行星，
进一步扩大星震学的应用。

大视场红外巡天望远镜（Wide Field Infrared Survey
Telescope，WFIRST）计划在 21 世纪 20 年代中期发射。这是
美国国家侦察局（U.S. National Reconnaissance Office）的一台
经过改装但未投用的间谍卫星，口径与哈勃空间望远镜一样，
也是 2.4 米，但视场比"哈勃"大 200 倍，因此它的搜索深度
和广度将超过以往所有的太空天文台。它将使用**微引力透镜法**
（microlensing）搜寻系外行星。

"当一颗前景恒星从一颗背景恒星前面经过时，"特劳布解
释说，"光线会在经过区域被弯曲并放大，从而使背景恒星变亮。
如果有一颗行星围绕前景恒星运行，背景恒星的星光会出现短暂

---

① 詹姆斯·韦伯空间望远镜的发射时间已调整到 2021 年，发射地为法属圭
亚那。

美国国家航空航天局搜寻地外生命迹象的历次天体物理学任务及探测器。

图片来源：美国国家航空航天局艾姆斯研究中心、纳塔莉·巴塔利亚和 W. 斯滕泽尔

的次级光变。大视场红外巡天望远镜能够测量这种变化。"

"开普勒"能够看到的凌星行星，其轨道距它的恒星不超过 1 个**天文单位**（日地距离）。相比之下，大视场红外巡天望远镜具有更高的灵敏度，可以探测到比地球更小、运行轨道距离其恒星超过 1 个天文单位的行星。它还可以利用能够阻断星光的日冕仪，直接看到一些更大行星的反射光。

"对于轨道接近寄主星的行星，径向速度法和凌星法都很有效，但对于轨道较远的行星，大视场红外巡天望远镜和微引力透镜法是必要的补充手段。"特劳布说，"要想确定外围行星的频率，只靠'开普勒'的数据是不现实的。你必须实际测量，看看大自然创造了什么。不能仅凭猜测，因为你肯定猜不对！"

"'开普勒'正在获取轨道半径不超过地球轨道半径的系外行星的统计数据，"巴塔利亚说，"而大视场红外巡天望远镜将获取轨道半径不小于地球轨道半径的系外行星的统计数据。因此，随着时间的推移，我们将逐步对系外行星形成更全面的认识。"

在 21 世纪 20 年代中期以后，技术进步有望使太空任务变得更加强大。新任务将会探测岩质类地系外行星的大气中是否有明确的生命迹象。

系外行星与人类存在的意义

本章的开头提到，在银河系类日恒星的宜居带内，或许有多达 10 亿颗类地行星。如果用这个数字估算宇宙其余部分的类地行星数量，总数会多到令人头晕。可观测宇宙向四面八方延伸，不管在哪个方向上都离我们有 138 亿光年之遥，而根据天文学家的说法，其间可能有超过 1 700 亿个星系。

因此，如果把银河系的恒星总数与宇宙的星系总数相乘，你会得到大约 10^{24} 颗恒星，也就是 1 后面跟着 24 个 0 那么多。[1]

如果其他星系与我们的银河系类似，那么宇宙中宜居世界的数量会十分惊人。因此，开普勒任务不但具有重大的科学意义，也让我们得以领略人类在浩瀚宇宙中是多么渺小。

巴塔利亚曾写道："作为一个科学家，你的生活就是不断地

---

① 作者在本章开头第二段中提到，据估计银河系的恒星数量在 1 000 亿~3 000 亿，如果按照这个数字计算，宇宙中的恒星数量应该在 1.7×10^{22} 和 5.1×10^{22}。

这张艺术概念图描绘了开普勒太空望远镜发现的系外行星。

图片来源：美国国家航空航天局、W. 斯滕泽尔

探索，好像每一个未解之谜都在等着你去发现和解开。"我问她，"开普勒"帮助我们解答了困扰人类几百年的难题，这对她个人甚至在情感上意味着什么。

"这项工作肯定带有某种关乎人类存在意义的元素。"她沉思着说，"尽管这项任务只是我职业生涯的一部分，但我是因为这项任务才有机会思考一些更宏大的问题。一辈子能有如此经历，我感到极其幸运和荣耀。它改变了我对生命的态度，对人类境况的看法。"

"还有就是发现的喜悦，以及随之而来的巨大满足感和幸福感。"她接着说道，"解开这样的谜题，取得改变人类世界观的发现，这肯定会带来直达灵魂深处的快乐和激情。"

其实，这样的思考对现在的巴塔利亚来说格外辛酸，因为她有个孩子正在遭受顽疾的折磨。

"是啊，很奇怪，我现在还有心思去想这些。"她承认说，"但你真的能做到置身事外，以局外人的角度去看待生命的意义。开普勒任务让你超越自身的局限，从个人的困境和挣扎中跳出来，思考关乎人类境况的重大问题，比如：我们为什么存在？我们会进化成什么样子？茫茫宇宙深处还有别的什么存在吗？"

第六章

光环行星及其冰卫星揭秘:
"卡西尼-惠更斯"任务

燃料不足

2016 年年初，燃料不足的"卡西尼号"探测器仍在运行。

"卡西尼–惠更斯"（Cassini-Huygens）土星任务为期 20 年，琳达 · 施皮尔克（Linda Spilker）是该任务的项目科学家。"燃料不足的指示灯肯定已经亮起来了，"施皮尔克说，"可我们不知道双组元推进剂到底什么时候会耗尽，执行变轨机动全靠这种燃料。"

说这番话时，施皮尔克面带微笑，看似冷静，其实燃料问题令她和整个任务团队忧心忡忡。若是没有足够的燃料，"卡西尼号"就无法执行变轨机动，它最后的使命必将落空。

静谧的美景。2004 年 5 月，"卡西尼号"探测器接近土星，在距土星 2 820 万千米时拍摄土星和土星环。更近距的观测还揭示了土星的几颗冰卫星。
图片来源：美国国家航空航天中心、喷气推进实验室、空间科学研究所

"卡西尼号"最终轨道组的艺术概念图，这组轨道位于最内圈土星环与土星云顶之间。"卡西尼号"最后的旅程被称作"终场演出"，演出的高潮部分将于2017年9月上演——"卡西尼号"将一头扎进土星大气层。

图片来源：美国国家航空航天局、喷气推进实验室

　　"卡西尼号"从 2004 年开始环绕土星运行，探索这颗壮观的气态巨行星，穿梭在 62 颗奇形怪状的冰卫星中间，反复掠过其标志性的复杂冰环的边缘。"卡西尼号"的观测结果表明，土星系统就像一个微缩的太阳系，这彻底改变了我们的认识。"卡西尼号"既让我们对土星本身有了更深刻的理解，也揭示了土卫二（Euceladus）等土星卫星的秘密。土卫二是一个大冰球，但却有巨大的热液间歇泉。多亏有了"惠更斯号"着陆探测器，我们现在知道，土星最大的卫星土卫六与地球惊人地相似，但性质却完全不同。

　　这是一项宏伟、漫长、史无前例的任务，理当有一个壮观的结局。2017 年春天，"卡西尼号"将献上它的终场演出——悄悄溜入土星云顶与最内圈土星环之间的狭窄缝隙，进行最后的近

距离观测。2017 年 9 月 15 日，"卡西尼号"将一头扎向这颗气巨星，最终被高温高压摧毁。

"卡西尼号"之所以要自毁，是为了完成**行星保护**（planetary protection）这一神圣使命。若不自毁，失去动力的"卡西尼号"将在土星周围飘荡，很有可能跌落到某颗潜在宜居的卫星上，造成污染。要知道，来自地球的微生物或许还附着在"卡西尼号"上，放射性同位素温差发电机仍在散发热量。施皮尔克说，"卡西尼号"完全有可能融穿某颗卫星的冰外壳，进入其次表层海洋。

要完成终场演出，"卡西尼号"需要足够的燃料。因此，在任务的最后几个月，无论白天黑夜，只要执行变轨点火，施皮尔克都会在办公室等待，直到确认燃料够用。

"我要看到传回的信号告诉我，一切照计划进行。"她说。

"卡西尼号"任务的项目科学家琳达·施皮尔克和项目经理厄尔·梅兹（Earl Maize）收到消息，"卡西尼号"在 2016 年 3 月 25 日成功执行轨道调整机动。在此之前，由于无法确定燃料的剩余量，操作团队不能百分之百确定"卡西尼号"能顺利完成此次机动飞行。

图片来源：美国国家航空航天局、喷气推进实验室

土星距离地球太远，两者之间的单向通信延迟为90分钟。地面操控人员无法实时向"卡西尼号"下达指令，也无法实时应对意外事件。

"但我们有应急计划。"施皮尔克解释说，"即便探测器在机动飞行中途耗尽燃料，我们也能尽快调整和切换，用肼燃料推进器完成剩余航程。但是，主发动机几分钟就能完成的动作，换成小推进器去做要花好几个小时。"

除了燃料余量无法确定之外，施皮尔克和飞行操控团队已经为"卡西尼号"的终场演出做好了所有准备。

"我们清楚每条轨道的形状，分毫不差。我们希望一切按计划进行，不要返工。"施皮尔克说，"如果双组元推进剂提前耗尽，科学团队就要重新讨论已经规划好的科学观测，做出艰难的取舍。"

这是你珍惜并爱护了近20年的探测器。如今要把它送到土星附近危机四伏的地方，再让它自毁，你于心何忍。

"这样的结局当然很可怕。"施皮尔克承认。"我们要把'卡西尼号'送到它从没去过的地方，而我们将因此获得难以置信的科学回报。它将紧贴着土星测量，这在其他任何地方都做不到。这会帮助我们真正了解土星的内部结构。"

任务团队打算跟"卡西尼号"好好地道别。

"在它即将进入第一条近距轨道时，我们会把整个科学团队召集起来。"施皮尔克说，"所有人都会屏住呼吸，等待传回的信号说它已经穿过那道缝隙。它说不定还能转身朝地球说一句'嗨，我很好，这没什么大不了的'。然后，它会把数据传回地球，让我们看到细致入微的土星环和土星照片。"

土星环切出一幅奇异的景象：土卫六被新月形的光环和薄雾包围，右下部被直径500千米的小兄弟土卫二"咬"出个缺口，而且土卫二的南极隐约可见冰喷流。在行星大小的土卫六（直径5 150千米）周围，散射光使土卫六的固体表面在剪影中清晰可见。跟身材高大的同胞土卫六相比，土卫二的天空清澈多了。

图片来源：美国国家航空航天局、喷气推进实验室、空间科学研究所

哦，是的……照片！"卡西尼号"传回的图像精美绝伦。土星、土星环、土星的卫星，它们在照片里美若仙境。这些照片配得上任何一家美术馆，你若看到定会驻足屏息。

怎样设计一项太空任务

对于"卡西尼-惠更斯"这样辉煌的太空任务，你很难相信它被取消过两次。任务的萌芽出现在20世纪80年代后期。1977年，"旅行者1号"和"旅行者2号"探测器发射升空，先后飞掠木星、土星、天王星和海王星。"旅行者号"的行星环游计划（Voyager Grand Tour）大获成功，但也引出了许多有待解答的新问题，于是一个聚焦土星和其他太阳系天体的新任务应运而生。

"这项任务最初的名称是'CRAF/卡西尼'。"卡西尼任务的项目经理厄尔·梅兹说，"其中CRAF代表'彗星交会及小行星飞掠'（comet rendezvous asteroid flyby）。当初的设想是把两个完全相同的探测器送到不同的地方。这需要研制复杂的、适用于所有仪器和移动天线的万向扫描平台。当时各项预算全面削减，官方认为这项任务太烧钱了。"

　　CRAF任务被取消了，"卡西尼号"险些一同遭殃。后来，欧洲和意大利的航天机构表示愿意与美国国家航空航天局合作开展此项任务，而且已经着手建造派往土卫六的"惠更斯号"探测器。19个项目参与国进行了多轮协商。最后，本着国际合作的精神，美国国会终于批准美国国家航空航天局建造与"惠更斯号"匹配的"卡西尼号"。

　　"但'卡西尼号'的建造缩水了。"梅兹说，"所有部件都只是用螺栓固定在机身主体上，这改变了任务的操作模式。打个比方，你开着路虎车在大草原上观兽，哈苏相机用螺栓固定在引擎盖上，只能正对前方，不能转动。这意味着如果你看到非正前方有一头狮子，想把它拍下来，那你就必须把整个车身转过去对着它才行。这是操控一部相机的情况。想想看，'卡西尼号'有12部仪器，要执行27项调查研究。"

　　"有时候，雷达设备团队想让它对着这儿，成像团队想让它对着那儿。"梅兹说，"然后，场和粒子团队想的又是另外一个目标，尘埃团队的观测对象也在其他方向上。哦，对了，它每天还要把高增益通信天线对准地球一次。每个人都在争夺对自己最有利的探测器姿态。"

梅兹说，卡西尼任务的科学团队发明了一套流程，让各个仪器的团队"聚在一起，对探测器的每段旅程进行细分"，精确到分钟。这套流程的效果非常好，因此也推广到了其他太空任务。科学团队提前数月制订详细的最优序列方案，确定每部仪器何时进入适于测量的最佳位置。一旦方案得到批准并通过地面测试，为期 10 周的观测序列就会上传到"卡西尼号"，然后由机载计算机控制每一次机动。

"这是一套非常精细的流程，有点儿像装配一块瑞士表，你必须把所有零件完美组合在一起。"梅兹说，"效果很好，我们从 2002 年起就一直这么做。"

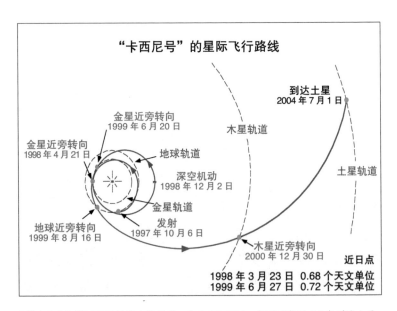

"卡西尼号"探测器的星际飞行路线，称为 VVEJGA。探测器耗时 6.7 年到达土星。
图片来源：加州理工学院-喷气推进实验室

土卫六的麻烦事

1999 年，"卡西尼号"轨道飞行器与它背驮的"惠更斯号"着陆器，正在前往土星系统的路上。这一对 1997 年发射的搭档没有径直飞向土星，而是遵循所谓的"金星—金星—地球—木星引力助推"（VVEJGA）轨迹，两次飞掠金星，两年后飞掠地球。

飞掠金星和木星对探测器起到助推加速的作用，而飞掠地球为任务团队提供了一次充分检验各个系统和仪器并得到即时反馈的机会。

"欧洲团队要测试接收器能不能收到从地面发送的数据。"梅兹说，"这是一次重要的飞行中测试，因为飞行工程师有句老话：要把试飞当实飞，再把实飞当试飞。"

"惠更斯号"登陆土卫六的艺术概念图。
图片来源：欧洲空间局

到达土星系统后,"惠更斯号"将脱离"卡西尼号",像极限跳伞运动员一样穿过土卫六浓厚、浑浊的大气层,并不间歇地发送数据。"惠更斯号"的功率有限,碟形天线也不够大,无法将所有数据直接传回地球。因此,"卡西尼号"将起到数据中继的作用。所有人都想确保数据中继顺利进行,否则任务的关键目标就会落空。

在太阳系已知的卫星中,土卫六的大小仅次于月球,那里有许多长期未解的谜团。1655 年,天文学家克里斯蒂安·惠更斯(Christiaan Huygens)改进了望远镜这项新奇的技术。透过改进后的镜头,他发现土星有一颗朦胧的大卫星。几个世纪以来,天文学家一直在争论土卫六的大气层是否类似地球的大气层。在太阳系中,其他卫星都没有大气层,所以土卫六上会不会有生命呢?

1980 年,"旅行者 1 号"飞越土卫六,并探测到跟地球有点儿像的富氮大气。那层橙色的大气充满了极为浓厚的有机霾,以至于"旅行者 1 号"根本看不到土卫六表面。这层大气到底是下面的什么东西造成的?有些科学家推测是海洋,但土卫六非常冷,平均温度为零下 180 摄氏度,所以就算有海洋,那也只可能是液态烃海洋(比如甲烷海或者乙烷海)。土卫六的表面特征我们无从想象。

"惠更斯号"探测器将在土卫六表面着陆,这让人类终于有机会一窥这个神秘的外星世界。

"按照预定计划,'惠更斯号'飞向土卫六,'卡西尼号'无聊地跟在后面接收数据。"梅兹说,"因此,我们要在它们飞掠地球时进行一次全面测试，届时两个探测器以及深空通信网的戈尔德斯顿跟踪站都将预先设定程序，模拟'惠更斯号'的着陆过程。测试十分顺利。"

只有一点除外："卡西尼号"没有收到任何模拟数据，它收到的全是乱码。没人知道原因。

经过6个月的艰苦调查，任务团队终于找到问题所在。两个探测器的速度差没有得到适当的补偿，这造成了通信问题，就好像它们俩在以不同的频率通信。

"欧洲团队过来跟我们说没戏了，"梅兹说，"但我们组建了几个野虎队①反复尝试。"

简单地说，通信系统的特性是固定的，探测器远在几百万千米之外，修改硬件是不可能的。但是，工程师们应用多普勒效应的基本原理，提出了一个巧妙的解决方案。

对此，梅兹喜欢用这样一个比喻来形容：你坐在岸边，一艘离岸很近的快艇从你面前经过，你会觉得它飞驰而过；但是，同一艘快艇以相同的速度行驶在远处的地平线上，那么在你看来，它几乎是不动的。

"我们无法改变'惠更斯号'的信号，唯一能改的是'卡西尼号'的飞行方式。"梅兹说，"如果能想办法让'卡西尼号'离得远一些，让'惠更斯号'看起来运动得慢一些，那么'卡西尼号'就可以低频率接收'惠更斯号'的信号，问题就解决了。"

梅兹说，团队用两年时间完成了"高难度的代码修改以及

---

① 野虎队（tiger team），为测试和改进航天器各系统的安全性和可靠性而特别组建的技术专家团队，成员通常经验丰富且不受约束，善于找出和解决问题。

一些非常了不起的轨迹计算"。

但这样一来,两个探测器之间的距离就会拉大。"卡西尼号"最终会飞出信号捕捉范围,这意味着它可能无法接收"惠更斯号"的所有数据。天文学家发起一个计划,号召世界各地的射电望远镜都来侦听"惠更斯号"的微弱信号,捕获"卡西尼号"可能遗漏的任何数据。

"惠更斯号"在2004年圣诞节那天脱离了"卡西尼号",并于2005年1月14日抵达土卫六。在进入土卫六浓厚的大气层4分钟后,它开始向"卡西尼号"发送数据,同时持续拍照并收集数据。然后它着陆了,成为首个登陆外太阳系天体的人类探测器。

由于通信问题,"惠更斯号"只能在一个信道上传输数据,而不是原来的两个信道,无法按照原计划收集那么多数据。令人惊奇的是,"卡西尼号"在飞出信号捕捉范围之前,成功接收了

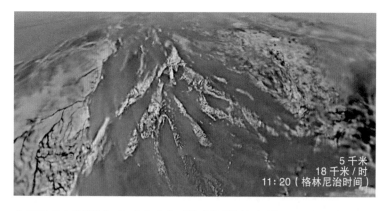

5千米
18千米/时
11:20(格林尼治时间)

在2005年1月穿过土卫六大气层时,"惠更斯号"探测器拍下了这幅彩色图像。
图片来源:欧洲空间局、美国国家航空航天局、喷气推进实验室、亚利桑那大学

卡西尼任务的王牌飞行员、任务操作工程师迈克尔·斯托布（Michael Staub）正在喷气推进实验室太空飞行操作中心的"王牌"控制台前工作，他说这里就像是探测器的"驾驶舱"。自1964年以来，太空飞行操作中心负责监测和操控美国国家航空航天局以及其他国际空间机构的所有星际和深空探索，被看作美国的国家历史地标（National Historic Landmark）。控制室也称"暗室"（Dark Room），里面布满巨大的显示屏，直观地显示这里与遥远的航天器之间的数据流。这里还有很多单独的计算机控制台，用于特定的太空任务。

来源：美国国家航空航天局、喷气推进实验室

太空飞行操作中心图片的来源：美国国家航空航天局、比尔·英戈尔斯

"惠更斯号"发送的全部数据，毫无遗漏。

"干得太漂亮了！"梅兹说，"我一辈子都忘不了。我们拿到了'惠更斯号'发送的所有数据，这是国际合作的典范。当初，19个国家协同一致，让任务起死回生，这当然很了不起。但这次我们调动全球资源，圆满解决了'惠更斯号'的通信问题，这更了不起。从工程角度看，历数任务的方方面面，没有一样能跟这次成功相提并论。"

长寿的"卡西尼号"

"卡西尼号"和"惠更斯号"在太空中航行近 7 年才到达土星。按照原定计划，这项任务只要再持续 4 年就可以结束了。然而事实上，到 2017 年任务结束时，"卡西尼号"已在这个星环世界度过 13 年，绕土星近 300 周，见证无数令人神往的奇观，同时把令人惊叹的图像和精确的测量数据传回地球。

"'卡西尼号'的长寿和海量科学发现，可能会成为一段经久不衰的传奇故事。"梅兹说，"一个合适的航天器，在合适的时间，出现在合适的地方，这正是'卡西尼号'能够捕捉到大量土星现象的原因。"

梅兹和施皮尔克都认为，任务如此长寿是对"卡西尼号"的开发者和建造者，还有悉心照看它的团队成员的一份献礼。在漫长的旅途中，"卡西尼号"几乎没有出现过异常。梅兹说，"卡西尼号"很擅长自我诊断，精干的工程团队也非常称职。

"卡西尼号"接连不断取得新发现，这也是任务长寿的一个原因。

"每当你想让它掉头转向的时候，它总有令人激动的新发现，不断给团队注入活力。"施皮尔克说。

来自 17 个国家的大约 260 名科学家参与了这项任务，施皮尔克和梅兹代表那些从头至尾没有离开过的团队成员。这些年来，大批年轻的科学家和工程师加入团队。"他们跟我们工作一段时间，完成任务，然后再到下一站继续他们的征服世界之旅。"梅兹说，"为航天领域培养新一代的工程师和科学家，这让我感到自豪，也有助于保持这个群体的生机和活力。"

"卡西尼号"的时间表已经排满，它每周都要飞掠土星的卫星，其间还要完成机动飞行。"我们一直都很忙。"施皮尔克说。

上图：在太阳系中，很少有比土星和土星环更引人注目的景象。这张照片拍摄于2005年，当时太阳的角度使土星环在土星的北半球投下阴影。
图片来源：美国国家航空航天局、喷气推进实验室、空间科学研究所

下图：从"卡西尼号"的相机看过去，土卫二和土卫三（Tethys）悬停在土星环上方，呈靶心状排列，也就是一前一后排列在一条近乎完美的直线上。土卫二和土卫三的直径分别为500千米和1062千米。
图片来源：美国国家航空航天局、加州理工学院-喷气推进实验室、空间科学研究所

在这项漫长的任务中，"卡西尼号"得以看到土星的季节变化。截至现在（2016年），它见证了差不多两个完整的土星季节，也就是半个土星年。随着日照角度和温度的改变，"卡西尼号"可以看到土星系统中各个天体（尤其是土星环）的变化。

土星明信片

"卡西尼号"带着我们一同遨游土星系统。看到它传回的照片，我们仿佛身临其境，目睹美轮美奂的土星环、土星卫星和间歇泉。虽说土星本来就是太阳系里最上镜的景点之一，但美景得以呈现在我们眼前，"卡西尼号"的相机和成像团队功不可没。

这套相机被称为成像科学子系统（Imaging Science Subsystem，ISS），由一部窄角相机和一部广角相机组成。前者拍摄特定目标的高分辨率图像，后者以较低的分辨率拍摄较大视场的广角图像。

成像科学子系统的团队负责人卡罗琳·波尔科（Carolyn Porco）说，这套相机"创造了奇迹，它把转瞬即逝、冷漠无情的电场和磁场波动转化成了强烈的情感"。

在有些图像中，土星卫星和土星环好似完美的摆拍。这是纯粹靠运气抓拍到的，还是预先有准备呢？

"只有少数几张是在完成其他科学目标时偶然拍到的。"成像团队的副主管罗伯特·韦斯特（Robert West）说。与科学观测一样，大多数图像的拍摄都是预先计划好的。

"土星、土星环和多颗土星卫星同时出现的图像，大多由康奈尔大学的麦克·埃文斯（Mike Evans）与伦敦的成像团队成员卡尔·默里（Carl Murray）共同创作。"韦斯特解释说，"其中有些由卡罗琳·波尔科策划，有着惊人的视觉冲击力。"

成像团队怎么知道能拍到这些呢？

"我们每隔几个月向探测器上传数千条指令，而确定相机拍摄目标的工作，大概在拍摄前 6 个多月就启动了。"韦斯特说，"为了保证拍摄顺利，我们需要知道探测器和土星卫星的准确位置。这属于天体力学的范畴。准确的测量数据来自地面设施、以往发射的航天器和'卡西尼号'，位置计算要用到依据爱因斯坦场方程做过相对论修正的牛顿定律。"

经过精确的计算并借助优秀的软件，探测器导航团队不仅能控制"卡西尼号"，还能知道它会在何处进入土星卫星的 10 千米范围之内，有时候提前几年就知道了。这些知识不仅造就了美丽的图像，也成全了伟大的科学。韦斯特说，精确计算卫星的公转轨道还带来了别的收获，比如我们发现土卫二的内部正在发热。

另外，"卡西尼号"在土星待的时间越长，数据质量就越高。"在积累了数百张图像之后，我们可以用电脑对这些信息进行计算，得出非常精确的卫星公转轨道。"韦斯特说。

精确的轨道信息又会成就更美妙的图像。下面让我们看看"卡西尼号"的一些发现和令人惊叹的照片。

土卫六表面的"惠更斯号"

"正如我们的一位科学家所说，第一次只能有一回。"梅兹打趣说，"能够参与人造探测器第一次登陆土卫六，这种感觉太美妙了。"

通信问题解决后，"惠更斯号"实现了历史性的着陆，取得了一个惊人的发现——土卫六与地球出奇地相似，但化学组成完全不同。在降到距土卫六表面 40 千米的时候，"惠更斯号"拍下清晰的表面图像。明亮的高地被暗色的平原和峡谷包围，景象非常壮观。此外，有确凿的证据表明，土卫六表面有侵蚀地貌，可能由流动的液体和降雨等气象事件塑造而成。然而，土卫六太冷了，气温在零下 180 摄氏度左右，所以那里的降雨不可能是水，而很可能是液态甲烷。测量证实，土卫六大气中的有机物成分十分复杂，含有大量甲烷和其他气溶胶。这进一步强化了土卫六与早期地球相似的观点。

这张土卫六的彩色图像显示了"惠更斯号"探测器的着陆点。图片中间偏下的位置有两个岩石状物体，偏左的那个直径约 15 厘米，居中的直径约 4 厘米，两者距离"惠更斯号"大约 85 厘米。土卫六表面可能由氢冰的混合物组成，而且似乎有河流活动的证据。
图片来源：美国国家航空航天局、喷气推进实验室、欧洲空间局、亚利桑那大学

此图由"惠更斯号"的下降成像仪 / 光谱辐射计（Descent Imager/Spectral Radiometer，DISR）拍摄的三幅图像拼接而成。图中的土卫六表面细节前所未见，比如高耸的山脊区域和一条多源头的主河道。
图片来源：欧洲空间局、美国国家航空航天局、喷气推进实验室、亚利桑那大学

"惠更斯号"有一个类似麦克风的特殊装置，它可以记录"声谱"（与通常的录音不是一回事）。声谱数据代表各种"声音"，比如风声、雷声、减速伞展开的声音、疑似甲烷雨滴溅落的声音等等。

　　在着陆点图像中，我们看到了圆形卵石。那里最初看来像是河床，而现在科学家认为那里类似地球上的泛滥平原，只不过已经干涸。"惠更斯号"触地时发出"啪嚓"一声，而不是"砰"的一声，而且着陆后，它在土卫六的表面颠簸滑行，挖出一道12厘米深的小沟。进一步的分析揭示，土卫六的表面类似表面结冰的脏雪，"惠更斯号"着陆时砸穿了冰壳，陷进"雪"里。

　　"惠更斯号"的下降过程耗时2小时27分钟。在此期间，它不间歇地发送数据。着陆之后，它又继续发送了72分钟，比预期长得多。

　　"令人惊讶的是，它不仅成功着陆，还坚持了那么久。"梅兹说，"即使是在撞击土卫六表面的瞬间，它也没出一丁点儿毛病。"

　　"惠更斯号"让我们第一次看到土卫六的真面目，也让我们发现，在太阳系中，土卫六的地质和气象过程与地球最为相似。

土卫二上活跃的间歇泉

　　"这项任务最大的惊喜之一是土卫二，这颗小卫星的南极有活跃的间歇泉。"施皮尔克说，"在'卡西尼号'发射时，我们完全没料到能有这么重要的发现，土星竟然有如此活跃的卫星。"

明亮、冰封的土卫二实在太小了（直径 500 千米左右），离太阳也太远了，按说不应该如此活跃。然而事实上，这颗小卫星是太阳系里地质最活跃的天体之一。

在那张惊艳的逆光图像里，我们可以看到，在土卫二表面的虎纹状裂隙附近，有很多羽状喷流，看似黄石公园的间歇泉。"卡西尼号"后来确定，羽状喷流中含有水冰和有机物，这使间歇泉的发现变得更加重要。据我们所知，生命离不开水，所以这颗活力十足的小卫星很可能有生命。太阳系中可能存在外星生命的天体不多，如今我们又发现了一个。

羽状喷流的图像十分抢眼，但最早发现蹊跷的不是"卡西尼号"的成像设备，而是另外一台仪器——磁强计，而且早在"卡西尼号"首次飞掠土卫二时就发现了。

"对于一个没有大气的卫星来说，"施皮尔克解释说，"土星的磁力线通常会到达卫星的表面。然而，'卡西尼号'头两次近距离飞掠土卫二时，磁强计小组报告说，土卫二的周围有一'层'土星的磁场，这暗示着那里有大气。这个新发现让我们决定下次飞掠要靠得更近。"

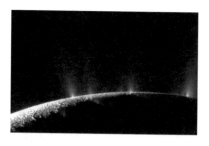

大大小小、引人注目的羽状喷流喷出水冰和蒸汽，喷射源沿著名的"虎纹"分布。"虎纹"指土卫二南极地区的 4 条大裂隙，每条长约 150 千米。

图片来源：美国国家航空航天局、喷气推进实验室、空间科学研究所

随后，"卡西尼号"复合红外光谱仪（Composite Infrared Spectrometer）的观测结果表明，土卫二的南极比预想的要温暖得多，4 条长达 150 千米的裂隙都在全段发热，输出功率超过美国黄石地区所有温泉的两倍。

卡西尼团队确认了 100 多个活跃的间歇泉——有时也被称为冰火山（cryovolcano）。这意味着土卫二的内部必定蓄积着大量液态水。科学家们现在预测，在跟亚利桑那州差不多的土卫二上，有一个比苏必利尔湖（Lake Superior）更大、深达 10 千米的全球水海洋。

"全球性意味着这片海洋已经存在很久了，很可能自土卫二形成以来就存在，而且最近'卡西尼号'又发现了热液活动的迹象。"施皮尔克说，"现有证据表明，土卫二可能适合生命存在，所以有朝一日我们肯定要专门飞过去研究土卫二，解答与生命相关的疑问。"

在"卡西尼号"到达土星之前，这些间歇泉还不为人类所知，所以"卡西尼号"并没有配备专门研究间歇泉的仪器。任务团队充分利用"卡西尼号"的现有设备，完成了几次近距离交会（距土卫二表面不到 49 千米），让这些设备穿越含冰羽状喷流，"尝到和闻到"喷流中的颗粒。

"间歇泉的发现改变了整个任务的重点，"梅兹说，"我们把飞掠土卫二的次数从原定的 3 次增加到 22 次。我们一次又一次地观测土卫二，收集到的数据将成为卡西尼任务的遗产。"

土卫二的内部热量是怎样产生的？这仍然是个谜。有些科学家认为，土星、土卫二和土卫四（Dione）之间的**引潮力**

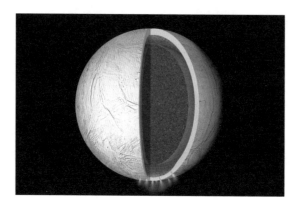

土卫二内部结构示意图，可见其岩质内核与冰质外壳之间
有一个全球液态水海洋。

图片来源：美国国家航空航天局、加州理工学院-喷气推进
实验室

这张自然色合成图由"卡西尼号"拍摄于2007年，可见土星在土星环上投下一
片巨大的阴影。图中还可以看到3颗卫星：两点钟方向是直径397千米的土卫一
（Mimas），四点钟方向是直径181千米的土卫十（Janus），八点钟方向是直径84
千米的土卫十七（Pandora）。土卫十七在图中是一个模糊的斑点，就在狭窄的F
环的外侧。

图片来源：美国国家航空航天局、喷气推进实验室、空间科学研究所

（tidal force）使土卫二的内部拉伸和收缩，导致土卫二的内部摩擦生热。

土卫二喷出大量的冰和颗粒，这些喷出物绕土星形成一个圆环。"土卫二创造了土星系统最靠外、最宽的 E 环。"施皮尔克说，"这令人非常兴奋，尤其是对我这样的科学家来说。我们对行星环的形成非常感兴趣。太阳系中没有多少活跃天体，而土卫二正在产生行星环，这太不可思议了。"

极为活跃、动态变化的土星环

土星环醒目而神秘，是太阳系中辨识度最高的特征之一。在地球上，即使用很小的望远镜观察，你眼中的土星环也会美得令人窒息。巨大的土星环不是一个单一天体，而是由无数千姿百态、大小各异的颗粒组成。所幸有"卡西尼号"这项长期任务，我们得以近距离观察土星环的动态变化，将土星环变成观察行星形成过程的实验室。

"'卡西尼号'已经改变了我们对行星环的认识。"施皮尔克说，"过去，我们简单地认为，星环颗粒只是偶尔发生轻缓的碰撞，但现在我们意识到，在土星环的主环，特别是 A 环和 B 环，星环颗粒有时会在一些结构中聚集成团并形成引力尾流。通过观察这些行为，我们可以更好地理解星环物质怎样相互作用，以及在早期太阳系中，岩质碎片怎样聚集起来变成行星。"

施皮尔克说，土星环内有些结构能够保持的时间十分短暂，

在这张侧视图中，宏伟壮丽的土星环变成了一道细线，这说明土星环非常薄。然而，从土星北半球的阴影可以看出，土星环的结构非常复杂。

图片来源：美国国家航空航天局、喷气推进实验室、空间科学研究所

星环颗粒时聚时散。

土星环的最内圈离土星表面仅 7 000 千米，整个土星环的环体宽 28 万千米，也就是说土星和土星环恰好可以放进地球与月球之间的空间。土星环由大量夹杂着零星岩石物质的水冰构成，这些冰块有的像一栋楼那么大，有的像滑石粉颗粒那么小。它们以 32 190~38 620 千米 / 时的速度绕土星旋转。

土星环非常薄，厚度不足 10 米。"就算把所有环的质量加在一起，土星环的总质量也不会比土卫二更大，"施皮尔克说，"所以我们才会看到这样的奇观！"

土星环质量虽小，但里面包含数不清的结构。"卡西尼号"发现了迷你卫星造就的怪异形状，见证了疑似新卫星的诞生，目睹了陨石对土星环的撞击，观测了太阳系中最活跃、最混乱的星环——F 环。

土星环的每一圈按照发现时间的先后以字母命名，由内向外依次为 D 环、C 环、B 环、A 环、F 环、G 环和 E 环，看起来不

是很有章法。"这说明天文学家在给新事物起名时毫无想象力。"施皮尔克笑着说。

其实，早在 1610 年伽利略把刚刚问世的望远镜对准土星时，人类便知晓土星环的存在，只不过伽利略以为那是位于土星两侧的大卫星，并且把它们称作"把手"。后来，克里斯蒂安·惠更斯确定，所谓的"把手"实际上是星环。17 世纪 70 年代，意大利天文学家乔凡尼·卡西尼（Giovanni Cassini）进行了更加细致的观察，他甚至发现环与环之间有缝隙。为纪念卡西尼的贡献，土星环的一个缝隙被命名为"卡西尼环缝"（Cassini Division），本章讲述的这项任务被命名为"卡西尼任务"。

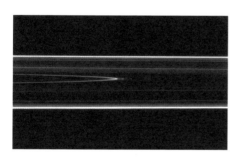

最内圈的土星环是 D 环，它呈现出非常奇特的波浪结构。科学家认为，这种持续变化的结构可以间接证明土星环内部新近发生过碰撞事件。
资料来源：美国国家航空航天局、喷气推进实验室、空间科学研究所

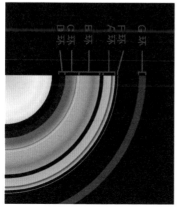

土星环系统。
资料来源：美国国家航空航天局、喷气推进实验室、空间科学研究所

作为一个星环科学家，施皮尔克研究了星环颗粒的组成。她和同行们都知道星环的主要成分是水冰，但有细微迹象表明，星环里还有他们尚不清楚的其他成分。"等任务接近尾声时，我们会让'卡西尼号'靠近土星环的内缘，直接采集星环颗粒的样本，希望这样做能帮助我们弄清楚星环颗粒的组成。"

假设你的手里拿着一个星环颗粒，它会是什么样子呢？

"有证据表明，星环颗粒具有冰质核心，外面覆盖着蓬松多孔的岩屑。"她说，"这意味着，跟实心冰块相比，星环颗粒可以迅速升温和降温。"

令人着迷的是，随着土星的季节变化，"卡西尼号"观测到星环颗粒也像月球一样经历相位变化。

"随着太阳位置的改变，你可能会看到星环颗粒被照亮的一面，而如果颗粒足够大，那么随着颗粒的运动，你会看到'月'相效应。"施皮尔克说，"我们由此获得有关颗粒自转的信息，并测量了颗粒的温度。"

垂直结构在土星环的 B 环投下阴影。此图由"卡西尼号"拍摄于 2009 年 8 月。

图片来源：美国国家航空航天局、喷气推进实验室、空间科学研究所

在土星环的向阳面，一个螺旋桨状的结构（左上）被阳光照亮。这个结构靠近 A 环的恩克环缝（Encke Gap），其塑造者是该结构中央那颗小到看不见的卫星。A 环是最靠外的土星环主环。

图片来源：美国国家航空航天局、喷气推进实验室、空间科学研究所

太阳角度的变化让我们看到，平坦的土星环上耸立着一些直立结构，其成因是附近小卫星的引力效应。科学家观察这些直立结构中的颗粒怎样相互作用，以及怎样形成尾流、涡流和缝隙。

任务团队的科学家还注意到，A 环的外缘有一些奇怪的缝隙，形似双叶螺旋桨。通过近距离的观察，任务团队发现这些缝隙是由几十颗移动的小卫星造成的。这些卫星非常小，直径从 1 千米到数千米，无法直接在"卡西尼号"的相机上成像。因此，我们只能通过这些双叶螺旋桨结构确定它们的存在。这又带给我们一个新的认识：土星环是不停变化的。

土星环从哪里来？这是很多科学家一直想要回答的问题。

"土星环可能源自一颗较大天体（比如卫星或彗星）的解体，也有可能是跟土星同时形成的。"施皮尔克说，"然而，关于土星环的起源，任何理论都必须解释为什么土星环主要由水冰组成。"

施皮尔克说，最近的一个模型给出如下推测：一个土卫六大小的天体被年轻的土星卷入，它的冰质外层被剥落，坚固的岩质核心坠入土星，脱落的碎片形成一个巨大的水冰环；随着时间的推移，一些冰颗粒在水冰环的外缘附近聚集成团，然后脱环而出形成了土卫二、土卫三、土卫四等冰质卫星。

恩克环缝区域的细节图。恩克环缝位于 A 环，是一道宽 322 千米的缝隙。任务团队的科学家确定，土星的小卫星土卫十八（Pan）通过"牧羊机制"清除其轨道附近的冰和尘埃，形成了恩克环缝，并在环缝的内侧留下圆齿状边缘和向土星方向扩散的尾流图案。图片来源：美国国家航空航天局、喷气推进实验室、空间科学研究所

土星环的年龄也是一个长期未解的谜题。

"环的质量越大，年龄就越大。"施皮尔克说，"或许几亿年前，有一颗不太大的卫星、彗星或小行星解体了，形成了这些环。要想弄清楚土星环的年龄和演化，关键是要准确地测量整个土星环的质量。"

任务团队已经有一些估算的数字。施皮尔克说，等到"卡西尼号"最终飞入土星环内部的时候，任务团队应该能够验证这些数字是否正确，"届时，我们就能够准确测量土星的质量，然后用土星和土星环的总质量减去土星的质量，得出土星环的准确质量。"

研究土星的超级风暴

　　土星的直径约为地球的 10 倍，因此土星风暴比地球风暴要大得多。在 2010 年年末，土星相对平静的大气层爆发了一场特大风暴，风暴头部旋涡的直径达 1.2 万千米。这是一场雷电型风暴（但没有雨），持续了 201 天，最终形成一条缠绕土星的风暴带。风暴使上层大气变热，升温幅度在人类的观测记录里前所未有。科学家说，这样的风暴每个土星年都会爆发一次，而一个土星年大致相当于 30 个地球年，所以说"卡西尼号"去得很是时候，刚好观察到这场风暴如何发展，最终如何平息。

　　这组自然色和复合近自然色图像由"卡西尼号"拍摄，按时间顺序记录了自 1990 年以来最大的土星风暴的发展过程。风暴从 2010 年年末开始，到 2011 年年中结束。图中可见显著的风暴头部迅速变大，最终被风暴尾部吞没。
　　图片来源：美国国家航空航天局、喷气推进实验室、空间科学研究所

在土星的两极地区还各有一个持续、恐怖、神秘的风暴。在南极，巨大的黑色风眼被高耸的云环绕，看似地球上的飓风。这场土星飓风席卷大约 8 000 千米的区域，相当于地球直径的三分之二，风速约为 550 千米 / 时。实际上，不同于地球上的飓风，这场大风暴被锁定在土星南极，不会四处漂移。另外，土星是气态行星，所以土星风暴的底部显然不是海洋。

在土星的北极，有一个巨大的六边形风暴，跨度约 3 万千米，风速也同样高达 550 千米 / 时。奇怪的是，在上层大气的风带的驱动下，风暴内部高速旋转，而外部的六边形区域却好像一动不动。

土星北极大风暴的伪彩色合成图，由"卡西尼号"拍摄。俯视这场壮观的大风暴，不免令人头晕目眩。
图片来源：美国国家航空航天局、加州理工学院-喷气推进实验室、空间科学研究所

这些风暴的驱动力仍然是个谜。根据"卡西尼号"的数据，科学家得以在土星季节更迭时观察这些风暴，从而了解土星两极地区急剧的气象变化。

揭开神秘卫星的面纱

环绕土星运行的冰质卫星有几十颗，它们的大小、形状和表面特征都有极大的差异。有些卫星的表面坚硬且坑坑洼洼，有些卫星的冰质外层已经碎裂，还有些卫星看起来非常怪异。

土卫七（Hyperion）可能是最怪异的一颗，因为它看起来就像一块巨大的海绵。它的直径为 270 千米，主要成分是水冰，不是岩石。它之所以有如此奇异的外形，是因为它的密度和重力都太小，形成了高孔隙度的结构。"卡西尼号"在飞掠土卫七时观测到，土卫七有 40% 的部分是空腔。

在绕土星公转的同时，土卫七还杂乱无章地自转。它的自转轴摇摆不定，任务团队的科学家说它的方向不可预测。

海绵还是卫星？任务团队的科学家认为，土卫七之所以有如此不同寻常的外观，可能是因为对它这样大小的天体来说，它的密度实在太小，使得它重力小、孔隙度高。

图片来源：美国国家航空航天局、喷气推进实验室、空间科学研究所

左图：土卫八（Iapetus）显著的山岭几乎与地理赤道完全重合。
图像来源：美国国家航空航天局、喷气推进实验室、空间科学研究所
右图：巨大的赫歇尔陨坑（Herschel Crater）使土卫一看上去酷似电影《星球大战》中的"死星"空间站。
图片来源：美国国家航空航天局、喷气推进实验室、空间科学研究所

土卫八俗称"阴阳卫星"（yin-yang moon），这是因为它的两面颜色不同。早在 300 多年前，土卫八就已经令天文学家神魂颠倒。"卡西尼号"确定，当土卫八艰难穿过其轨道上的碎片群时，它的一面粘上了红棕色的尘埃，而"干净"的另一面依然是亮白色。

土卫八直径约 1 609 千米，赤道上有一道怪异的山岭，使它看起来像一颗太空核桃。关于山岭的成因，科学家们看法不一。有一个理论认为，土卫八与一颗行星体相撞，产生了大量碎片，这些碎片逐渐在土卫八的赤道上空稳定下来，绕土卫八进行轨道运动，最终从轨道上倾泻而下，落到土卫八表面堆积起来，沿着赤道形成一道山岭。

土卫一俗称"死星"，因为它形似《星球大战》中的"死星"

空间站。它的平均直径为 396 千米，表面有一个靶心状的巨大陨坑，直径达 130 千米。任务团队的科学家说，如果撞出这个陨坑的天体再大些或者速度再快些，土卫一很可能瓦解成千万个碎片，围绕土星形成一个新的星环。

土卫九（Phoebe）也很怪异。它的直径约为 220 千米，形状不规则，非常暗淡。它绕着土星逆行，也就是说，它的公转方向与其他卫星的公转方向以及土星的自转方向相反。这让科学家认为土卫九很可能是来自柯伊伯带的流浪天体，后来被土星捕获并拉入轨道。土卫九制造了一个向土星方向移动的尘埃环，同时覆盖土卫八"阴"面的尘埃也源于土卫九。

土卫四和土卫三等卫星的表面被源自内部的应力撕裂，这是构造活动的证据。土卫五（Rhea）和土卫三等许多卫星似乎早在几十亿年前便已形成。土卫十和土卫十一（Epimetheus）等卫星，最初很可能是较大天体的一部分，后来随着较大天体的崩解而分离出来。科学家说，通过对这些卫星进行研究和比较，我们能够获得大量信息，从而更深入地了解土星系统乃至整个太阳系的历史。

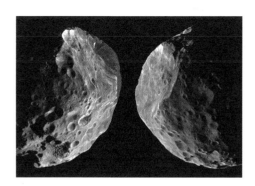

用蒙太奇手法拼合而成的土卫九图像，左右两边分别是"卡西尼号"在接近土卫九和离开土卫九时拍摄的。

图片来源：美国国家航空航天局、加州理工学院-喷气推进实验室、空间科学研究所

土卫六的湖岸属性

"惠更斯号"探测器传回许多有关土卫六的信息,而"卡西尼号"的红外测绘光谱仪和雷达设备能够穿透土卫六稠密的大气,为我们揭示土卫六与地球的更多相似之处。

"在整个任务期间,土卫六不断给我们带来惊喜。"梅兹说,"看起来,它有一个全球次表层液态水海洋,还有湖泊、河流和沙丘,以及一个下甲烷雨的完整的天气系统,只是它的化学组成与地球完全不同。"

几十年前就有人预言,土卫六上存在液态甲烷海或甲烷湖,但是土卫六浓厚的雾霾阻碍我们进行更近距的观察。2006 年 7 月 22 日,"卡西尼号"飞掠土卫六时获得的雷达成像数据为大量液体的存在提供了确凿证据。

图片来源:美国国家航空航天局、加州理工学院-喷气推进实验室、美国地质调查局(USGS)

"土卫六的很多地质过程都跟地球相似,这些地质过程产生了甲烷雨,然后形成了烃湖和烃海。"施皮尔克说,"就我们目前所知,土卫六是太阳系中除地球之外唯一一个表面有稳定液体的天体。"

这是土卫六的近红外全球拼合图，在黑夜般的阴影上方可见阳光和极地海洋。

图片来源：美国国家航空航天局、加州理工学院-喷气推进实验室、亚利桑那大学、爱达荷大学

"卡西尼号"的相机抓拍到土星环、地球（土星环右下角的亮点）和月球同框的罕见景象。美国国家航空航天局把使用红、绿、蓝分光滤光器拍摄的多幅图像合成这张如人眼所见的自然色照片。拍摄时，"卡西尼号"距土星1 211 836千米，距地球144 585.7万千米。任务团队的科学家还邀请地球上的人在拍摄前后向土星挥挥手。

图片来源：美国国家航空航天局、加州理工学院-喷气推进实验室、空间科学研究所

土卫六上一些湖泊的面积堪比美国的五大湖，或者是横跨欧亚大陆的里海。"卡西尼号"拍到土卫六北半球的一个湖，阳光照在湖面上闪闪发光，这暗示那里有波浪起伏。

"卡西尼号"的仪器还在土卫六的南极发现了干涸湖床存在的证据。目前的理论认为，在土卫六为期30年的季节周期中，降雨和液体从一个半球转移到另一个半球，湖泊因此形成，而后又干涸。

"我们做了一件很酷的事情——让土卫六的湖泊反射无线电信号，这有点儿像拿手电筒照水坑。"梅兹说，"不同的是，用无线电信号，你能测出湖的深度。"

克拉肯海（Kraken Mare）是土卫六上最大的烃海，至少有35 米深，或许还要深得多。

"每次飞掠土卫六都有新发现。"梅兹说，"我真是被土卫六迷住了。"

"卡西尼号"的终场演出

2016 年年初，当我在喷气推进实验室与施皮尔克交谈时，"卡西尼号"刚刚完成对土卫二的最后一次飞掠。

"'卡西尼号'现在做什么都是最后一次了，一想到这个就让人难过。"她说，"任务就要结束了，这当然令人伤感，但也会带来巨大的成就感。在很多方面，'卡西尼号'的表现都超出了发射时人们的想象，而且过了这么久，它还是这么健康。"

"任务总有结束的一天，"施皮尔克接着说，"但换个角度看，我们收集了大量宝贵的数据，所以还有几十年的额外工作等着我们去做。任务期间，数据源源不断传回地球，而我们只能挑最好的图像和数据来研究。想想还会有多少新发现吧。我们寻求对土星系统形成更全面的认识，这份努力不会结束。我们还会把这份遗产留给后来人，期盼未来的新任务能够把我们开启的探索进行到底。"[①]

---

① "卡西尼号"的终场演出从 2017 年 4 月 26 日开始。在之后的 5 个月里，它 22 次穿越土星与土星环之间的未知空间，最终于 9 月 15 日冲进土星大气层烧毁。"卡西尼号"在生命的最后时刻仍竭尽全力将实时科学数据传回地球。

第七章

全天候下载太阳：
太阳动力学观测台

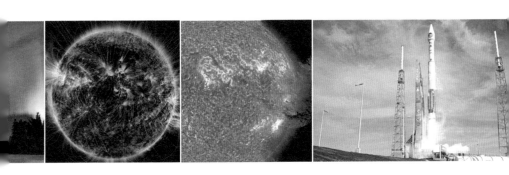

有惊无险

2012 年 7 月 23 日，太阳表面发生了一连串剧烈的喷发活动，称作**日冕物质抛射**（coronal mass ejection，CME），释放的能量相当于同时引爆几千枚核弹。几亿吨磁化等离子体云以每秒 3 000 千米的速度冲入太空，比一般的太阳喷发活动快 4 倍。这是有历史记载以来最剧烈的一场太阳风暴。

这场特大太阳风暴会袭击地球吗？如果到达地球，这场风暴可能会造成全球断电，变压器过载，所有接电的东西统统烧

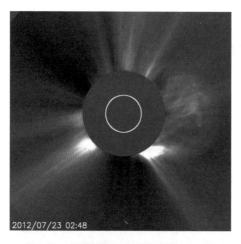

太阳抛射物云（图右），形成于人类观测史上速度最快的一次日冕物质抛射。图像由欧洲空间局和美国国家航空航天局的太阳和日球层探测器（Solar and Heliospheric Observatory，SOHO，简称"索贺"）拍摄于 2012 年 7 月。

图片来源：欧洲空间局和美国国家航空航天局、太阳和日球层探测器

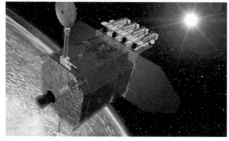

太阳动力学观测台的艺术概念图。

图片来源：美国国家航空航天局

毁。电话、电视、收音机、互联网和军事设施所使用的卫星将会失灵甚至失控，造成全球通信中断。国际空间站的宇航员将暴露在太阳粒子的辐射之下，空间站的所有系统都将遭到破坏。灾后重建可能要持续多年，而单就美国而言，总经济损失可能会超过2 万亿美元，是卡特里娜飓风造成的损失的 20 倍不止。美国这个高度依赖技术的社会将会全面瘫痪。

所幸，太阳探测器舰队观测到了这一事件，天文学家由此得知，这场太阳风暴不会给地球带来灭顶之灾，但仍让人有九死一生之感，因为如果早几天发生，地球会面临一场空前浩劫。

美国国家航空航天局之所以发射太阳动力学观测台，就是为了以前所未有的方式时时刻刻盯着太阳。

"它几乎不间断地观测太阳，重点研究可能影响地球空间气象的太阳风暴。"太阳动力学观测台极紫外变化成像仪（Extreme Ultraviolet Variability Experiment）的首席研究员汤姆·伍兹（Tom Woods）说，"深入了解太阳风暴特别重要，因为它们会对我们的很多技术产生影响，比如通信、全球定位系统（GPS）和导航系统。因此，太阳动力学观测台的一个关键目标就是，更深入地了解太阳风暴的成因以及更有效地做出预报。"

太阳动力学观测台与其他的太阳监测航天器或地基太阳天文台不一样，因为它搭载了最好的监测仪器，生成的数据量极其惊人。它有 6 台高分辨率（4k × 4k 像素）相机，每 0.75 秒拍摄一幅太阳图像，分辨率是高清电视的 10 倍。它能拍出前所未见的太阳表面图像，呈现的复杂细节令人惊诧。它在 2010 年发射入轨，自此天文学家得以看到以往不曾见过的太阳特征和事件。

太阳动力学观测台是生成海量数据的太空任务先驱。3 台"勤奋"的科学仪器每天收集的数据量就多达惊人的 1.5 TB，相当于每 36 秒刻录一张音乐 CD，或者每天下载 380 部全长电影或 50 万首歌曲。

在更深入地了解它之前，让我们先来说说太阳。

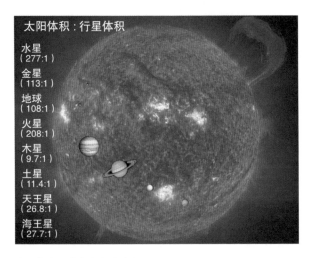

太阳与太阳系各大行星的体积比。

图片来源：美国国家航空航天局、喷气推进实验室

太阳的工作原理

我们所在的这部分太空之所以被称为"太阳系"，是有原因的。太阳是太阳系的中心，它的质量占太阳系总质量的 99.9%，是地球上所有生命和能量的来源。太阳的引力支配着环绕它运行的所有行星和其他天体。人类似乎从一开始就明白太阳对地球的

重要性，也明白我们为什么会有昼夜更替、四季轮回和生命循环。

大约 46 亿年前，一颗**超新星**爆发了，一团气体和尘埃聚集起来并开始坍缩，形成了一团太阳星云。与滑冰的人收拢双臂便会转得更快一样，这团星云一边坍缩一边加速旋转，逐渐变得炽热、密集，最终聚合成一颗恒星，那就是我们的太阳。

剩下来的气体和尘埃围着这颗新生恒星转动，形成了太阳系。由于太阳的引力巨大，相继形成的行星、小行星、彗星和其他天体继续围绕太阳转动。

恒星（包括太阳）并不燃烧。我们可以把恒星的内部看作不断爆炸的氢弹或巨型核聚变反应堆。恒星因自身的巨大质量发生坍缩，向内挤压，使内部的压力不断增大。在如此大的压力下，氢原子聚合成氦，这个过程被称为核聚变。在太阳的核心，每秒钟有几百万吨氢原子发生聚变，连续不断地产生巨大的能量。这些能量需要几百万年才能传递到太阳表面，而一旦释放到太空，却只要 8 分钟就可以跨越 1.5 亿千米的距离，到达地球。

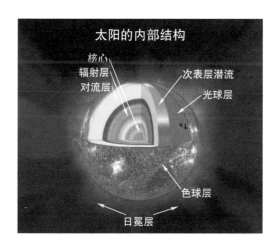

太阳内部分层结构剖视图。
图片来源：美国国家航空航天局

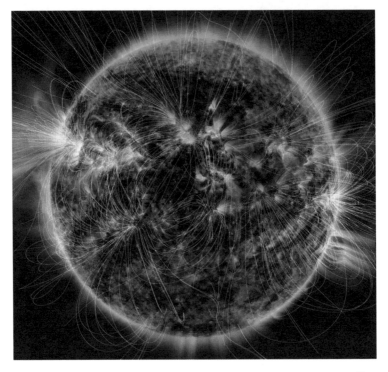

太阳大气磁场模型，通过测量太阳表面的磁力得出。底层图像在波长 171 埃[1] 的极紫外线下拍摄，人眼不可见，这里用金色上色。

图片来源：美国国家航空航天局、太阳动力学观测台、大气成像组件、洛克希德·马丁太阳与天体物理实验室（LMSAL）

太阳分为两个部分，即内部和外部，每个部分又分三层。先说太阳的内部。如前文所述，核心是所有活动开始的地方，聚变产生的温度高达 1 400 万摄氏度。再往外是辐射层，来自核心的热量缓慢地进入，经过几百万年才能穿透。接下来是对流层，热量在这里迅速流动，沸腾翻滚，只要一个月就能到达太阳的外部。

---

① 埃（angstrom），长度单位，1 埃＝ 10^{-10} 米。

外部最里面的一层肉眼可见，称为光球层，上面可以看到太阳黑子之类的特征。光球层的温度已经"冷却"到大约 5 500 摄氏度。光球层之外的两层可以看作太阳的大气层。色球层是一个非常活跃的区域，日珥和暗条①从这里喷发。色球层的温度奇高，甚至达到光球层温度的 4 倍，也就是 2 万摄氏度左右。在最外圈的日冕层，气体被加热到 100 万摄氏度。太阳如此炽热，以至于大部分气体实际上处于等离子态（电子和离子分离的类气体状态），从而形成一个超高温的带电粒子团。

太阳科学最大的谜团是色球层和日冕层温度飙升的原因。科学家怀疑，原因在于太阳大气层的磁活动。

太阳磁场是理解太阳活动的关键。科学家尚未揭开太阳磁场的全貌，但可以确定的是，太阳等离子体中的运动带电粒子会形成扭曲的环流磁场。这些磁场相互作用，以日冕物质抛射和**太阳耀斑**的形式释放能量。太阳耀斑比日冕物质抛射的规模小，但以光速运动，所以 8 分钟就能到达地球。

太阳磁场每 11 年转换一次，从太阳黑子、耀斑和日冕物质抛射频发的**太阳活动高峰期**进入相对平静的**太阳活动低谷期**。这个周期性规律已经持续了几千年，但科学家仍在努力了解其成因。

炽热的日冕层不断向太空蔓延，形成所谓的太阳风，也就是带电粒子流，这进一步证实了太阳对整个太阳系的影响。太阳风

① 日珥（prominence）和暗条（filament）是同一种现象。日珥是从太阳侧面看到的景象，以太空为背景。若以日面为背景，日珥在日面上形成的暗色长条形投影称为暗条。

扩散的范围是日地距离的 100 倍，这已经超出了太阳系的边缘，直达日球层顶。太阳风形成一个巨大的气泡，称作日球层，这是太阳系最大的连续结构。天文学家预测，太阳这样的恒星能够持续发光 90 亿~100 亿年。太阳现在的年龄大约是 46 亿岁，正当壮年，还要再持续闪耀 50 多亿年才会走向衰老，膨胀成一颗红巨星。

太阳动力学观测台的工作原理

在人眼看来，太阳大多数时候是一成不变的。[①] 它每天东升西落，我们可能很少会去多想什么。我们知道太阳孕育并极大地影响着地球上的生命，但它仍有许多未解之谜。我们还不完全清楚太阳内部怎样工作、太阳的大气层怎样储存和释放能量、太阳耀斑和日冕物质抛射等太阳活动为什么会发生。

太阳动力学观测台可以在不同尺度以及人眼不可见的不同波长上观测太阳，从而帮助我们理解这一切。

它的一个特定目标是弄清楚太阳磁场的产生和结构，了解这些磁能怎样以太阳风和高能粒子的形式释放到太空中。弄清楚是什么在驱动太阳的磁场，这对理解太阳如何影响地球和整个太阳系至关重要。

---

① 请注意在任何时候都不要直视太阳，以免对眼睛造成永久性损伤。

发射日：2010 年 2 月 11 日

在佛罗里达州肯尼迪航天中心，搭载着太阳动力学观测台的"阿特拉斯"火箭即将发射。和我一样焦急等待的还有一群科学家，其中有一位正是此次任务的项目科学家，来自戈达德航天中心的迪恩·佩斯内尔（Dean Pesnell）。这是个阳光明媚但异常清冷的早晨，佩斯内尔和他的同事们缩在夹克里面，谈论着已稳稳放进火箭头部的"小不点"航天器。

太阳动力学观测台高 4.5 米，宽 2 米，即将进入距地面 3.6 万千米的倾斜地球同步轨道（inclined geosynchronous orbit）。它一边与地球自转保持同步，一边持续观测太阳。这使它可以始终正对着地球上的一个特定位置，也就是位于新墨西哥州白沙的数据接收中心。由于它生成的数据量太大——美国航天史上任何一次任务的 50 倍以上，所以它不存储数据，而是将数据不间断地发送到一个专用地面站。

2010 年 2 月，南希·阿特金森采访美国国家航空航天局总部太阳动力学观测台的项目科学家马杜莉卡·（莉卡）·古哈塔库尔塔 [Madhulika（Lika）Guhathakurta]，当时太阳动力学观测台已进入卡纳维拉尔角 41 号发射台等待发射。
图片来源：罗密欧·德尔舍（Romeo Durscher）

"太阳动力学观测台在过去几次任务的基础上有几项改进。"佩斯内尔说，"首先，它的相机更强大，每部相机都有当时最好的太空相机的两倍大小，而这样的相机一共有 6 部。相机的分辨率是 4k × 4k 像素，也就是 1 600 万像素。"

他解释了为什么能够拍摄高分辨率全日面像是一项重大进步。"比如说你观察到一次太阳活动，你感觉'好酷啊，我就想研究这个'，那么你可以放大图像，看到更多细节，或者缩小图像，查看全景。"

但最重要的是，佩斯内尔说，太阳动力学观测台的拍摄频率很高，或者说非常高。

"之前的探测器充其量不过是将近每 3 分钟拍摄一幅全日面像，而太阳动力学观测台每 10 秒钟拍摄一幅。"他说，"这样，我们就能看到好多之前错过了的瞬时太阳活动。换句话说，我们之前只顾着浏览群峰，却漏掉了山峰之间的峡谷。"

它还可以研究太阳发出的不可见光的类型和能量，比如极紫外线。"这种光的波长极短，"佩斯内尔说，"会被地球的高层大气吸收，导致地球大气受热膨胀，把卫星甩出轨道。之前发射的探测器每 90 分钟观测一次极紫外线的辐照度，而太阳动力学观测台每 10 秒钟观测一次。"

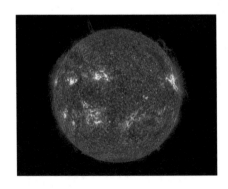

全日面，由太阳动力学观测台拍摄于 2012 年 5 月。极紫外线下可见太阳边缘有很多跳动的日珥。

图片来源：美国国家航空航天局、戈达德航天中心

太阳动力学观测台

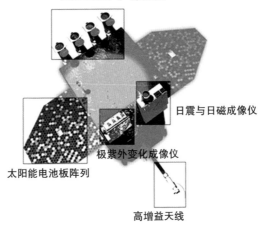

日震与日磁成像仪

极紫外变化成像仪

太阳能电池板阵列

高增益天线

太阳动力学观测台及仪器位置图。
图片来源：美国国家航空航天局

神秘的太阳磁场也是太阳动力学观测台的研究对象。"我们的目标是了解太阳磁场的周期。"佩斯内尔说，"太阳磁场是所有太阳活动的源头，我们想知道它来自哪里，怎样来到太阳表面，又是如何转化成太阳活动的。"

佩斯内尔笑着总结道："我们将会看到很多新鲜事，学到很多新知识。"

太阳动力学观测台搭载了 3 部仪器，它们同时工作。一个测量磁场，一个测量太阳活动，一个测量对地球的影响。这 3 部仪器分别是：

日震与日磁成像仪（Helioseismic and Magnetic Imager，HMI）绘制太阳磁场分布图，并使用相当于地球上的超声波手段来探测混沌表面以下的部分。它为我们揭示太阳磁场的来源及其在太阳表面的形态，从而解开太阳活动之谜。

大气成像组件（Atmospheric Imaging Assembly，AIA）由 4 台望远镜组成，用来拍摄太阳表面和大气。它覆盖了 10 个不同的选定波段（或者说颜色），可以揭示太阳活动的主要方面，所拍图像呈现出的细节是科学家前所未见的。

极紫外变化成像仪（Extreme Ultraviolet Variability Experiment，EVE）测量太阳辐射的波动。极紫外线对地球的高层大气有强烈的直接影响——使大气受热膨胀，原子和分子解体。极紫外变化成像仪可以帮助研究人员了解太阳在这些波长下的变化速度。

2010 年 2 月 11 日，太阳动力学观测台从卡纳维拉尔角 41 号发射台发射。
图片来源：美国国家航空航天局

左图：太阳动力学观测台在 2010 年 2 月 11 日发射升空时（第四象限的亮色条纹），光学专家发现了一种新型的冰晕。

图片来源：美国国家航空航天局、戈达德航天中心、安妮·考斯洛斯基（Anne Koslosky）

右图：项目科学家迪恩·佩斯内尔描述发射过程。

图片来源：南希·阿特金森

2010 年 2 月 11 日，太阳动力学观测台发射成功，过程堪称完美。神奇的是，火箭刚刚开始飞行没多久，任务团队就有了一个关于地球大气的新发现。发射台边的观众惊讶地看到"阿特拉斯"火箭穿透了一轮**幻日**（sundog，阳光穿过高卷云被冰晶折射后形成的亮盘）。火箭的振动冲击波在云间扩散，破坏了冰晶排列，导致幻日解体，并在火箭周围产生了涟漪效应。同时，火箭的旁边出现一道明亮的白光柱，与火箭并肩升空。见此景象，在场的人都发出了"哦""啊"的惊叹声。

"我们看到天空中出现一轮幻日，太阳动力学观测台从里面穿了过去，然后幻日消失了。"佩斯内尔在发射后说，"这可能是头一回有探测器穿过幻日，肯定会有人研究这个。你看，太阳动力学观测台升空没多久就开始帮助我们了解地球大气层了。"

通过回放和研究发射录像，专家们意识到，出于某种原因，火箭的冲击波使冰晶重新排列，于是出现了光晕。他们从来没有见过这样的现象，而在研究的过程中，他们发现了新的幻日形成机制。

让我们来搞科学吧！

6年后，我来到位于戈达德航天中心的太阳动力学观测台任务操作中心，拜访佩斯内尔。除了计算机和风扇的呼呼声，房间里一片安静，只有一位工程师在检查一排排的监视器。"已经6年了，"佩斯内尔说，"太阳动力学观测台的运行非常稳定、可靠，所以日常工作并不需要很多人。"

在马里兰州格林贝尔特的戈达德航天中心，太阳动力学观测台的任务操作中心显得很安静。一只名为卡米拉的橡皮小鸡（在中国，它常被叫作"尖叫鸡"）陪伴着任务操作团队。图片来源：南希·阿特金森

我看到一块大屏幕上显示着太阳动力学观测台的位置和视野，它像一只方形的大眼睛，牢牢盯着太阳。另一块大屏幕滚动播放着它拍摄的美妙图像，这是佩斯内尔特意为我安排的。他悄悄地向我透露，这些图像其实是为任务6周年纪念准备的。

自发射以来，太阳动力学观测台一直在快速生成海量的数

据和图像。正如任务团队的一位科学家所说："我们要处理的数据量大得令人发指。"

这些数据约占当时已获得的太阳空间观测数据总量的 98%，存储在斯坦福大学的联合科学操作中心（Joint Science Operations Center，JSOC）。"我们在那儿存储的数据量，是中心其他所有用户加起来的 24 倍。"佩斯内尔说。

"这些数据让人大开眼界。"日球物理学家、戈达德航天中心的工作人员 C. 亚历克斯·杨（C. Alex Young）说，"能够同时在多种波长上观察全日面，这是一种完全不同的视角。你不能把其他的太阳观测台跟它相提并论，因为它太出众了。"

杨说，太阳动力学观测台的数据就像消防水龙里的水一样源源不断。

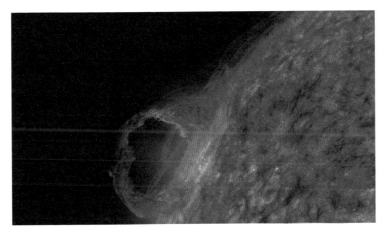

"第一道光"日珥的喷发。这是太阳动力学观测台拍摄的首批图像之一，为紫外图像。2010 年 3 月 30 日，大气成像组件的传感器刚被激活就捕捉到了这个景象。

图片来源：美国国家航空航天局、大气成像组件、戈达德航天中心

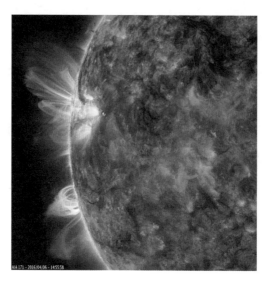

飞出太阳边缘的磁力线。2016 年 4 月，一对活动区
（active region）出现在太阳动力学观测台的视野里。带
电粒子沿着磁力线盘旋上升，使磁力线在极紫外线下
可见。活动区指太阳表面以下磁力强烈互斥的区域。
图片来源：美国国家航空航天局、太阳动力学观测台

　　6 年来，太阳动力学观测台取得了多项突破性发现。早期的
一个发现证实了相应太阳耀斑（sympathetic solar flare）的存在。
所谓相应太阳耀斑，是指同时出现、相隔遥远、相互关联的太阳
耀斑。

　　"这个问题，科学界已经研究和争论几十年了。"杨说，"在
发射太阳动力学观测台之前，我们手里的信息有限，没办法断定
这些差不多同时爆发的太阳耀斑之间有关联。"

　　有些科学家认为，相应太阳耀斑彼此相距太远，有时甚至
达到几百万千米，不可能有联系。但也有人认为，它们之间必定

存在某种物理联系。

　　任务开始没多久，团队的科学家便遇到了一次研究相应爆发的机会。2010 年 8 月 1 日，在短短几个小时里，整个太阳北半球的可见区域出现了多次耀斑和暗条爆发事件。太阳动力学观测台数据表明，太阳耀斑与其他太阳活动之间的磁力线是相连的。自那以后，随着太阳动力学观测台传回高分辨率、不同波长的连续成像数据，科学家发现，大量相隔遥远的相应耀斑通过闭合的磁力线相连。

　　太阳动力学观测台的另一个成就是首次全面观测了超高速**太阳波**。太阳波又称日冕波或太阳海啸，是一波热等离子体在太阳表面"冲浪"的现象。

　　"1995 年发射的太阳和日球层探测器就已经观测到了日冕波。"杨说，"但由于以往探测器的视场太小，很难看到全景。现在，我们真的可以看到日冕波横跨太阳表面，还可以看到日冕波在经过一个活动区时如何与其相互作用。"

　　杨说，这就像你观察池塘里的水波遇到石块等障碍物时会发生什么。

　　佩斯内尔也认为，太阳动力学观测台最重要的进步是能够仔细观测整个太阳的细节。

　　"我们可以同时观测整个太阳，甚至可以看到像太阳波这样起初规模很小的现象怎样扩散并引发其他现象。"他说，"我们一直在跟踪这些太阳波，通过观察它们的传播和反弹，逐步增加对太阳低层大气的了解，这有助于我们判断并预测接下来会发生什么。"

日冕层的升温机理以及日冕层的温度为何远远高于光球层，这是现代太阳物理学最难解的谜题，而太阳动力学观测台让我们更加接近答案。

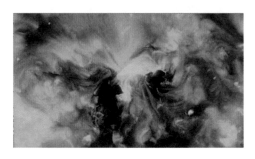

穿越太阳大气层的卷曲"冲浪"波，由太阳动力学观测台拍摄于 2010 年 4 月 8 日。
图片来源：美国国家航空航天局、戈达德航天中心科学可视化工作室（Scientific Visualization Studio, SVS）的丹尼·拉特克利夫（Danny Ratcliffe）

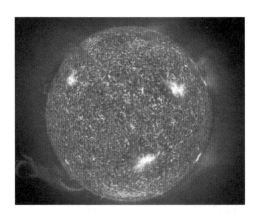

太阳被一个朦胧的气体层包围着，那是它的大气层，称为日冕层。
图片来源：美国国家航空航天局、欧洲空间局、太阳和日球层探测器

"假设你站在壁炉边上，"佩斯内尔说，"如果你离壁炉远点儿，就会感到没那么热了，但太阳不是这样。在这颗原本应该中规中矩、毫无新意的恒星上，为什么最外圈的日冕层比光球层热200倍？"

这就好像壁炉周围的空气比熊熊燃烧的壁炉本身还要热。此外，既然日冕层的温度这样高，为什么它没把太阳表面加热到差不多相同的温度呢？这个谜题至今尚未完全解开，但天文学家现在对日冕层的发热和传热机制已经有了更深入的了解。目前的主流理论是纤耀斑（nanoflare）理论。佩斯内尔说，虽然纤耀斑比普通耀斑的能量小几十亿倍，但纤耀斑几乎不间断地在太阳表面爆发。

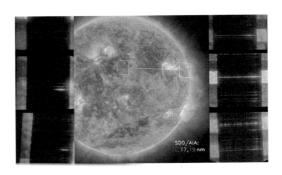

美国国家航空航天局的一枚探空火箭对白框区域内的太阳光进行了探测（图像由太阳动力学观测台拍摄），然后将这些光线分解成包含不同波长的光谱（左侧和右侧的条纹图像），以确定所观测太阳物质的温度。这些光谱提供的证据可以解释为什么太阳大气比太阳表面热得多。（图上文字大意为：太阳动力学观测台/大气成像组件，30纳米、17纳米、19纳米）

图片来源：美国国家航空航天局、极紫外正入射光栅摄谱仪（EUNIS）、太阳动力学观测台

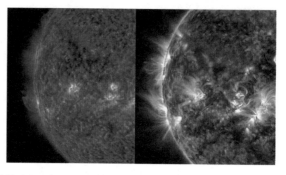

2015 年 12 月同一时刻在两种不同波长的极紫外线下拍摄的太阳。这种对比视图有助于科学家将各个波长下可见的特征视觉化。红色的左图拍摄于 304 埃的波长下，捕捉到的等离子体更接近太阳表面、温度更低；金色的右图则拍摄于 171 埃的波长下，与左图相比，在太阳表面上方闭合成环的等离子体来显然更为精细。太阳动力学观测台可在 10 种不同的波长下观测太阳，在每种波长下都能够捕捉到太阳不同区域因温度和高度的差异而多少有些不同的特征。

图片来源：美国国家航空航天局、太阳动力学观测台

　　"说白了，纤耀斑就是太阳表面无时无刻不在发生的微弱的类耀斑事件。"他解释说，"我们认为，它们就是发热元件。"

　　想想电热毯的发热元件，单个元件不足以加热整条毯子。同理，单个的纤耀斑也不会让整个日冕层热起来。但这些微小、连续的耀斑不断累积，产生的能量足以把太阳大气层这一整条"毯子"加热。

　　"让人开心的是，太阳动力学观测台的数据正在帮助我们解开这个长久以来的谜题。"佩斯内尔说，"纤耀斑理论似乎符合太阳动力学观测台以及其他太阳探测器的观测数据。"

　　太阳动力学观测台还推翻了先前"太阳内部翻滚的能量从赤道运动到两极再回到赤道"的看法，使科学家更深入地了解了太阳磁场形成的物理过程，也就是所谓的**太阳发电机**（dynamo）是怎样工作的。另外，模拟这个过程对于更好地预测太阳事件和

下一个太阳活动周期的强度至关重要。

佩斯内尔说，他们的目标是有一天能够非常准确地预报太阳风暴。"如果太阳上有大事件发生，借助太阳动力学观测台，我们可以回看这些事件，寻找原因。"他说，"我们正在磁力线中寻找一个预报变量。现在我们能看到活动区磁场在重新排列，我们一直希望存在规律性的、可预测的模式，但事与愿违，这些事件并不完全一样。我们的认识和经验不够丰富，还不能完全理解太阳磁场的工作原理，因此也就无法做出预报。"

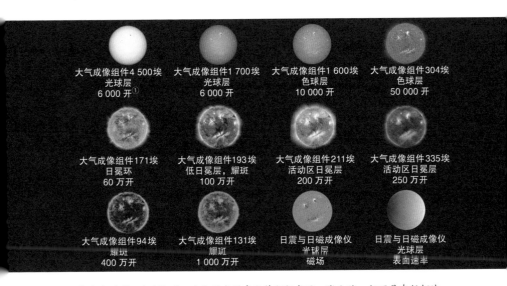

你能看到"日中人"吗？太阳的各种表面特征组成了一张人脸，但不是在任何波长下都可见。这组图像由太阳动力学观测台的日震与日磁成像仪和大气成像组件在 12 个不同的波长下拍摄而成。

图片来源：美国国家航空航天局、太阳动力学观测台、戈达德航天中心

---

① 开（K），热力学温度单位开尔文（Kelvin）的简称，以绝对零度（-273.15℃）为起点，每变化 1 开相当于变化 1 摄氏度，开氏度＝摄氏度＋273.15。

但科学探索的过程就是如此，佩斯内尔说："人们会尝试一个理论并遵循它，直到它被证伪。这可能让人沮丧，但其实也有很多乐趣。"

无论如何，太阳动力学观测台都为我们了解太阳磁场怎样随时间变化打开了一扇窗，可以帮助科学家弄清楚是什么引发了巨大的太阳耀斑和日冕物质抛射。或许有一天，就像气象学家可以预报地球的天气一样，太阳物理学家也能借助太阳动力学观测台可靠地预报太阳风暴。

我们都爱太阳动力学观测台

这是一项复杂的太空任务，但普通公众却对此项任务表现出一种真诚而又难得的情感联系。这要归功于在任务初期登场的橡皮小鸡卡米拉。

卡米拉的故事可以追溯到发射之前，当时太阳动力学观测台还在戈达德航天中心。项目科学家芭芭拉·汤普森（Barbara Thompson）本来是想让科学团队在工作期间放松一下，于是便把卡米拉带到了办公室。能令人把卡米拉和任务联系起来的只有一点：她有太阳的颜色。最初，卡米拉只是用来鼓舞士气和促进团队建设的吉祥物，但慢慢地，她越来越多地融入了任务的科普和推广活动。

佩斯内尔和杨都说，在与公众尤其是与小朋友的互动方面，卡米拉帮了大忙。

"我们组织了不少科普活动，"佩斯内尔说，"鼓励小朋友们提问题，活跃一点。可是，小朋友们貌似被我这一脸络腮胡子吓到了，什么都不敢问。但我带上卡米拉之后，一只只小手都举起来了。"

卡米拉的官方"保镖"是斯坦福大学的罗密欧·德尔舍，他当时与项目团队在一起工作。"我们一直认为，罗密欧帮卡米拉争取到了一大票粉丝，这很了不起，因为扩大受众范围正是任务科普的一个重要组成部分。"杨说。

后来，美国国家航空航天局修改了科普和推广的流程，卡米拉不再是任务的官方吉祥物了。但是，卡米拉·科罗娜①（她现在有名有姓）仍然活跃在社交媒体中，激发年轻人从事科学、技术、工程和数学（简称 STEM）研究。此外，太阳动力学观测台的飞行操控团队已经重新收养了卡米拉，她如今常驻任务操作中心，陪伴着任务团队。

"她现在退居幕后了，"佩斯内尔说，"但她很适合做公众推广，因为人们往往先对她一见倾心，然后再渐渐迷上太阳动力学观测台和它拍摄的图像。"

自从推出日球阅读器（Helioviewer）这个简便的在线工具以来，公众对那些神奇图像的兴趣和喜爱日益浓厚，而最初点燃这种热情的正是卡米拉。

"在发射之前，"杨说，"我的同事杰克·爱尔兰（Jack Ireland）博士一直在思考怎么查看 4k × 4k 的巨幅图像，怎么放

---

① 卡米拉·科罗娜（Camilla Corona），其中"科罗娜"取自英语 corona（日冕）。

大图像，怎么浏览海量的太阳数据。"

谷歌地图和其他网站在浏览器中使用大数据集，受此启发，爱尔兰开发了日球阅读器。它不仅是科学家的重要工具，也向公众开放，从而让每个人都能看到壮美的太阳风景。

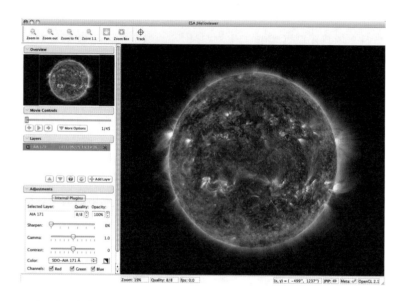

日球阅读器截屏。

图片来源：Geeked on Goddard（博客名）

日球阅读器是一个桌面程序，用户可以通过它查阅太阳动力学观测台拍摄的图像和 1991 年以来发射的其他太阳探测器传回的数据，查看太阳动力学观测台当前的实时数据。用户可以制作视频，把不同的图像和波长叠加起来，放大和缩小，或是从头至尾观看某个太阳事件的全过程。用户还可以通过"直接上传到 YouTube"选项轻松分享视频。至今，通过日球阅读器制作的太阳视频已有几百万个。

日球阅读器还为太阳观测爱好者提供了一个聚会和聊天的在线空间，现已成为众包的一大典范。业余科学家使用日球阅览器合作制作视频，有时反而是他们提醒正牌科学家去观测正在发生的太阳事件。

杨记得在 2011 年 6 月 7 日清晨，他在家里刚刚端着咖啡杯坐下，便收到了杰克·爱尔兰的电子邮件。

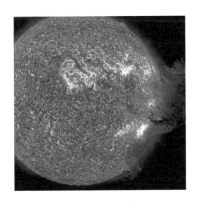

2011 年 6 月 7 日太阳喷发物质形成的巨大喷泉。
图片来源：美国国家航空航天局、太阳动力学观测台、戈达德航天中心

"杰克说，有个用户制作的视频需要找我看看。"杨说，"视频显示的是一个刚刚喷发的巨型太阳物质喷泉。我从来没见过太阳物质这样喷发，看起来就像一个大土块被踢上天，再掉回太阳表面。"

杨说，那对他而言是一次重大转折。他亲自为那次太阳事件制作了一个配有解说的视频，并从此爱上了与公众互动。"我发自内心地热爱科普，喜欢公开发言，乐意跟公众分享太阳的酷

炫奇景。"他激动地说，"这令你感到兴奋和激动，会鼓舞你继续前行。"

不存在致命耀斑

你可能还在回想本章开头提到的那场特大太阳风暴和地球的生死一线。你或许还听说过致命太阳耀斑摧毁地球大气、消灭地球生命的末日预言。太阳耀斑和日冕物质抛射一刻不停，喷发物每周都会撞击地球一两次，甚至好几次。我们应该担心吗？

应该，也不应该。在大多数情况下，我们不必担心。

"我们的太阳是一颗很活跃的恒星，每11年经历一次循环。根据我们现有的知识，太阳一直如此。"杨说，"太阳耀斑从没有停止过，有时很大，有时很小。但是一般来说，即使是规模最大的太阳耀斑，其影响也是微乎其微的。"

从有文字记载的历史中可以知道，只有几次严重的太阳风暴对地球造成过影响：

• 1859年9月2日，电报服务因有史以来最大的太阳风暴中断。

• 1989年3月9日，爆发了一次日冕物质抛射，3月13日到达地球。加拿大魁北克省电网崩溃，停电超过11个小时，波及了600多万人。美国出现了200多个电网问题，但没有导致全面停电。有些航天器和卫星出现通信中断。

• 2006年12月5日和6日，X级耀斑触发了一次日冕物质抛射，干扰了全球定位系统发往地面接收器的信号以及航空器的双向无线电通信。

如今，航空公司每年要飞 7 500 多条极地航线。某些太空气象事件可能造成北极地区的无线电中断，而且持续好几天。在此期间，飞机必须把航线调整到无线电通信可用的纬度。

太阳风暴主要对我们的电网和卫星技术构成威胁。杨解释说，地球较厚的大气层和磁层阻挡了太阳耀斑和日冕物质抛射所产生的一切有害辐射，因此不会危及人类。即使是规模最大的太阳风暴也不会剥掉地球的大气层。

"你从太阳中得不到那么大的能量，"杨说，"超新星才可以，但我们的太阳不会变成超新星。"

规模较大的太阳风暴可能使北半球出现极光，上演美丽撩人的视觉盛宴。但是，由此引发的地磁风暴却会影响卫星和电网。

"不过，运营者清楚这些风险，也学习过如何应对。"杨说。如果一场大规模的太阳风暴即将袭击地球，电网可能会暂时关闭，卫星会进入安全模式，直到风暴过去。事实上，美国国家航空航天局一直在与电力公司和卫星运营商合作，制定标准和指导方针，以确保电网在地磁风暴期间保持稳定。

日冕物质抛射需要 12~36 小时才会到达地球，所以我们有时间发出预警，提前应对。

"我们对太阳风暴了解得越来越多，"杨说，"我们已经学会了如何更好地预测太阳风暴的影响和冲击位置。只要我们像对待地球上的飓风和大风暴那样继续关注和研究太阳风暴，就能采取适当的应对措施，做到有备无患。"

明尼苏达州北部美丽的极光，其成因是来自太阳的带电粒子与地球大气的相互作用。

图片来源：鲍勃·金（Bob King）

2014 年 1 月，一个巨大的日冕洞出现在太阳底部。日
冕洞是太阳磁场的开口处，高速太阳风从这里吹向太
空。在这幅以三种不同波长的极紫外线合成的图像中，
日冕洞看起来比较暗，是因为拍到的物质较少。在其
面积最大的时刻，这个日冕洞覆盖了大半个太阳，接
近地球大小的 50 倍。

图片来源：美国国家航空航天局、太阳动力学观测台

　　我们无法阻止太阳风暴的发生，但我们可以做好准备。

　　杨补充说："因为有了太阳动力学观测台等探测器全天候观
测太阳，我们现在已经足够了解太阳，清楚地知道根本不会发生
足以摧毁地球的超级太阳风暴，这从科学上讲绝无可能。"

太阳动力学观测台的未来

　　佩斯内尔说，太阳动力学观测台状况良好，仪器设备的精

度如初，可以长期运行下去。为此他盛赞工程师和科学家团队，感谢他们建造了一个"体格如此强健"的航天器。

"我们必须让它始终对着太阳。"他说，"只要基础结构撑得住，它的燃料完全够用几十年，而我们要做的是保证稳定的数据传输。"

杨同意这种看法。他还认为太阳动力学观测台不仅是太阳科学家的重要工具，也是整个空间科学界的一件利器。

"我认为，科学界已经习惯于随时拿到高质量的图像和详细的数据。"他说，"我每天都要看这些图像，并且总能发现新奇有趣的东西，让我脑洞大开。"

第八章

临危受命:
火星勘测轨道飞行器和
高分辨率成像科学实验设备

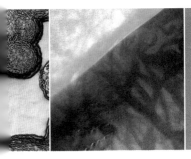

浴火重生

在 3 个月的时间里，美国国家航空航天局的两个火星任务先后以惨败收场。1999 年 9 月 23 日，火星气象轨道探测器（Mars Climate Orbiter）刚刚到达火星便不知所踪。同年 12 月 3 日，火星极地着陆器（Mars Polar Lander）在着陆时坠毁。

火星勘测轨道飞行器围绕火星运行的艺术概念图。

图片来源：美国国家航空航天局、加州理工学院-喷气推进实验室

美国国家航空航天局喷气推进实验室，坐落在加利福尼亚州帕萨迪纳市圣加布里埃尔山（San Gabriel Mountains）的山麓中。

图片来源：美国国家航空航天局、喷气推进实验室

随后的调查显示，火星气象轨道探测器很可能在火星大气里烧毁了。为什么呢？因为负责监视探测器的地面软件混淆了公制单位和英制单位。

火星极地着陆器的坠毁原因是后来才认定的。起落架打开时，着陆器实际上距地面尚有 40 米，但飞行控制系统接收到的错误信号使电脑误认为着陆器已经着陆，便命令减速火箭提早熄火。着陆器急速坠地，任务夭折。

两次任务损失巨大，这促使美国政府对美国国家航空航天局进行了深入的内部和外部调查。调查报告揭示了很多隐患，包括任务团队人手不足、保障程序不充分以及通信问题。这两次失

败再加上1993年的那次①，迫使美国国家航空航天局重新审查整个火星探索计划。

正因如此，2000年前后是美国国家航空航天局的一段困难期，而失败任务大本营——喷气推进实验室——更是举步维艰。菲鲁兹·纳德利（Firouz Naderi）当时是喷气推进实验室的一名官员，负责修订火星探索计划。他说，如果世界上有"机构性抑郁"这种病，那喷气推进实验室肯定是患者之一。

至此，美国国家航空航天局"更快、更好、更省钱"的时代终结了。口号的提出者、当时的局长丹·戈尔丁（Dan Goldin）既想削减成本，又要多出成绩。虽然"新视野号"和"开普勒"之类的任务撑了下来，但削减成本最终的结果往往是偷工减料。

"偷工减料可能会让我们损失个把航天器，这我们清楚。"这两个失败任务的项目科学家里奇·楚雷克（Rich Zurek）说，"但接二连三的损失我们可接受不了。"

失败促使美国国家航空航天局重新评估当时的做法，寻求更合理、更平衡的太空探索方式。

"每个航天器都很宝贵，让它们都能正常工作应该是我们的基本出发点。"楚雷克说，"所以让我们全力以赴地对待每次任务吧，我们也因此在任务成功率和航天器寿命方面都得到了回报。"

任务失败后仅一年，为了重振奄奄一息的火星探索计划、鼓舞士气，美国国家航空航天局宣布了一个全新的火星探测战略规划——向火星发射轨道飞行器、着陆器和火星车等一系列航天器。

---

① 此处指的是1993年8月"火星观察者号"（Mars Observer）探测器在进入火星轨道前夕失联，通信再未恢复，任务失败。

在火星勘测轨道飞行器发射前，里奇·楚雷克（左）和高分辨率成像科学实验设备首席研究员阿尔弗雷德·麦克尤恩（Alfred McEwen）参加在肯尼迪航天中心举行的新闻发布会。

图片来源：美国国家航空航天局、喷气推进实验室

　　这个计划的主体是一个更大的火星轨道飞行器，它将勘测未来任务的着陆点，为人类登陆火星这个终极目标做准备。

　　时至今日，火星勘测轨道飞行器已经在火星上空盘旋了 10 多年。进入新千年以后，美国国家航空航天局的火星探索任务成绩斐然，成功发射了 7 个轨道飞行器和着陆器，对这颗红色星球进行全面勘测。此外，还有新任务正在筹备当中。长寿是新千年火星任务的标志，火星勘测轨道飞行器正是其中一例。

　　楚雷克现为美国国家航空航天局火星探索计划的负责人，兼任火星勘测轨道飞行器任务的项目科学家。

　　火星勘测轨道飞行器，连同"勇气号"、"机遇号"、"好奇号"以及"火星奥德赛号"、"火星快车"等其他轨道飞行器，功能强大，寿命长久，是太空探索新浪潮的卓越代表。它们能够持久地提供数据，供科研人员研究火星的季节变化和长期演化。

"正是借助这些长寿的航天器，我们才知道，火星原来是一个极为复杂多样的星球。"楚雷克说，"那是一个活跃的世界，今天仍在发生变化。"

竞争

航天事业永远存在竞争。不同的任务争夺经费，不同的科学团队为各自开发的仪器设备争夺搭载机会，甚至火星车或着陆器在哪儿着陆也有竞争。

火星勘测轨道飞行器便是竞争的胜出者，但其实中间它曾短暂地输给过对手。

"那两个任务失败以后，我们面临下一步该怎么办的问题。"楚雷克回忆道，"在委托调研结束之后，两个候选项目进入了决赛，一个是建造一台火星车，另一个是发射一个轨道飞行器去勘测未来任务的着陆点。最终，火星车项目获选。我想，他们一定是觉得让有轮子的东西降落在火星表面更令人兴奋。但戈尔丁局长提议建造两台火星车。这很可能是因为我们刚刚损失了两个航天器，所以不如一次搞两台，起码保证至少一台能用。"

于是就有了 2003 年 6 月 10 日和 7 月 7 日发射的"勇气号"和"机遇号"火星车。楚雷克说，火星车项目胜出，轨道飞行器项目被搁置，这样的结果让他们大失所望，但人人都知道，火星探索需要轨道飞行器。

"'跟着水走'一直是我们进行火星探索的主题，轨道飞行器就是要去寻找最方便'跟着水走'的着陆点。"楚雷克说，"另外，轨道飞行器能够在另一个尺度上观测火星，为未来的任务提供安全和科研评估，着眼于火星的水、气候变化、潜在生命等宏伟的主题。"

火星勘测轨道飞行器的项目经理丹·约翰斯顿（Dan Johnston）说，从轨道飞行器的建造到任务筹备，他们饱受压力。他说，美国国家航空航天局放弃了"更快、更好、更省钱"的理念，转而确立更合理的做法，所以在轨道飞行器的开发过程中，他们需要适应一些新的流程，而这并不总是那么容易。

"想想你开车的时候，"约翰斯顿说，"失败的火星任务就像开车跑偏，越偏越多，以至于最后开出了路面。我们面临的挑战不是不够大胆，而是如何准确驾驶，让汽车不偏不斜地在路中间行驶。这是当时的大环境给我们出的一个大难题。"

为了在苛刻的限制因素下完成任务，我们特别组建了一个工程师团队，其中很多人都具有阿尔法人格①，一心想帮助美国国家航空航天局扭转局面。约翰斯顿记得有位女士跟他说过，这是她平生第一次见到这么多阿尔法同类在一起工作却没有斗得你死我活。

但约翰斯顿说，这个为开发下一代轨道飞行器而组建的团队非常出色，每个成员都有着强烈的竞争欲。

"吉姆·格拉夫（Jim Graf）是项目经理，他组建的任务设计和操作团队实力强大，配合默契。"约翰斯顿说，"我们每个人

① 阿尔法人格（alpha personality），也称支配性人格。具有阿尔法人格的人自信，敢于担当，惯于指挥他人。

都非常争强好胜，甚至有些咄咄逼人。但在吉姆·格拉夫的领导下，我们能够和平共事并且全力以赴。"

他们不只能共事，还能愉快地相处。

"附近有家墨西哥餐馆，那是我们下班后搞活动的据点。"他说，"集体活动可以让我们消除隔膜，建立良好的个人关系，我认为这对任务是有好处的。"

但是说真的，竞争永不止歇。

"各个火星任务之间一直都存在竞争。有人说，如果你提出的不是着陆器或者火星车，那你就没戏了。"约翰斯顿笑着说，"'机遇号'团队炫耀他们在火星上跑了一回马拉松，而我们的团队则反击说'我们10秒钟就能跑趟全马'。"

约翰斯顿说，我们非常尊重其他轨道飞行器，但火星勘测轨道飞行器是独一无二的。"它的能力十分出众。"

"这是一群天才，这个游戏本来就少不了竞争。"楚雷克说，"我们要把事情做成、做好，要勇于面对一时的挑战。能够与来自世界各地的专家一起工作，这正是此项任务让我感到享受的地方。不管你需要了解哪个主题，你都能找到专家为你答疑解惑。你可以利用他们的专业知识解决问题，推动任务往前走。"

火星勘测

美国国家航空航天局想要建造一台动力强劲的高水平轨道飞行器：它既能看清楚火星的现状，又能为我们了解火星神秘的过去提供线索。很久以前，火星上是不是真的有水？现在有没有水呢？火星上有过生命吗？如果有过，它们遭遇了什么？同样的事情也会发生在地球上吗？

"从一开始，任务目标就是发射一台功能强大的轨道飞行器，支持基础科学，并且从长远上支持火星计划。"约翰斯顿说。

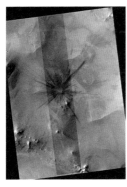

左图：一个最近形成的撞击坑，由火星勘测轨道飞行器的高分辨率成像科学实验设备拍摄于 2013 年 11 月 19 日。设备团队的成员克里斯廷·布洛克（Kristin Block）把这个醒目的撞击坑称为"扎染"撞击坑。
图片来源：美国国家航空航天局、加州理工学院-喷气推进实验室、亚利桑那大学
右图：据推测，海尔坑（Hale Crater）斜坡上这种细黑条痕是当代火星的季节性水流形成的，称为"反复性坡痕"。图中反复性坡痕的长度约为一个橄榄球场的长度。这幅图像经过假彩色处理，其中的成像数据和地形数据均来自高分辨率成像科学实验设备。
图片来源：美国国家航空航天局、加州理工学院-喷气推进实验室、亚利桑那大学

"我们希望这个轨道飞行器能够给目标天体表面上的指定目标成像，分辨率要达到 1 米。"

也就是说，飞行器从轨道上可以很容易看到直径小到 1 米的物体。它还需要搭载一套通信设备，以便为现役和未来的火星

着陆器、火星车提供通信中继。

任务目标遵循美国国家航空航天局"跟着水走"的火星探索主题，包括寻找与水活动相关的证据，分析火星现在的气候和季节变化，确定复杂多层地形的性质，给未来的着陆器和火星车寻找最有潜力的着陆点。

它能够拉近镜头，拍下火星表面极近距离的图像，分析矿物，寻找地下水，跟踪记录大气里尘埃和水的含量，监测火星每天的全球气象。

从地球出发前往火星的最佳时机大约每 26 个月出现一次，那时的航行路线最优，用时最短。任务团队知道，他们必须抓住 2005 年夏季的时间窗口。

2005 年 8 月 12 日，火星勘测轨道飞行器从卡纳维拉尔角空军基地发射升空，并在 7 个月后到达火星，由此开始了一段美妙的火星探索之旅。

伸缩相机（即高分辨率成像科学实验设备）是火星勘测轨道飞行器上的六大科学设备之一。

图片来源：美国国家航空航天局、喷气推进实验室

高分辨率成像科学实验设备

"我们的轨道飞行器非常可靠，仪器设备功能强大。"约翰斯顿说。背景相机（Context，CTX）能够拍摄广域图像，为高分辨率图像提供背景。火星彩色成像仪（Mars Color Imager，MARCI）能够拍摄云、沙尘暴等气象特征。火星专用小型勘测成像光谱仪（Compact Reconnaissance Imaging Spectrometer for Mars，CRISM）可用于识别火星表面的矿物质。火星气候探测器（Mars Climate Sounder）能够监测火星大气，而地下浅层雷达（Shallow Subsurface Radar，SHARAD）则用来寻找火星地下水冰的迹象。

"火星专用小型勘测成像光谱仪非常神奇，它能够探测各种矿床。"约翰斯顿说，"我对其他科学调查没有偏见，但我还是认为，高分辨率成像科学实验设备的图像绝对是另一个等级的。"

高分辨率成像科学实验设备是所有行星探索任务发射过的体积最大、功能最强的成像设备。其他火星轨道飞行器搭载的成像设备可以识别一辆校车大小的物体，而高分辨率成像科学实验设备可以分辨出人体大小的物体。

"它提供超高分辨率的图像，能以 1 米的分辨率拍摄火星表面。"高分辨率成像科学实验设备的首席研究员阿尔弗雷德·麦克尤恩说，"如果你站在火星表面，我们能看清你周边的地形特征。你可以想象自己在这个设备的注视下，漫步于火星表面。"

这使高分辨率成像科学实验设备能够识别可能危及着陆器

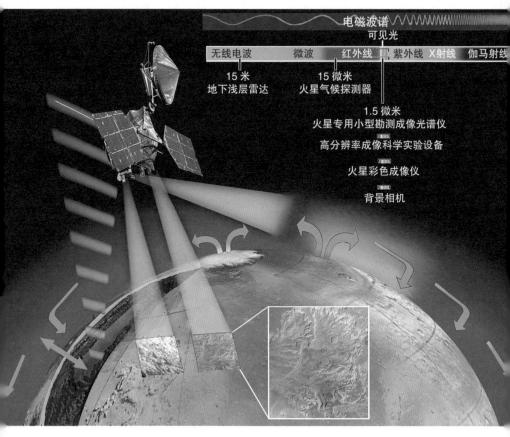

電磁波譜

可見光

| 無線電波 | 微波 | 紅外線 | | 紫外線 | X射線 | 伽馬射線 |

15 米
地下淺層雷達

15 微米
火星氣候探測器

1.5 微米
火星專用小型勘測成像光譜儀

高分辨率成像科學實驗設備

火星彩色成像儀

背景相機

这张艺术概念图说明了火星勘测轨道飞行器任务"跟着水走"的主题。轨道飞行器搭载的科学仪器设备能够监测火星大气的水循环以及地表水冰的沉积和升华，同时探测地下水冰。

图片来源：美国国家航空航天局、喷气推进实验室

和火星车安全的障碍物，比如大块岩石。

　　任务开始之前，麦克尤恩就对这部成像设备抱有很高的期待。"过去，超高分辨率成像被视为勘测活动的必备功能。"他说，"而彩色和立体成像并不是非有不可，但考虑到太空科研的

前景，我们还是想给它配备这些额外功能。如今，在对未来着陆点进行特征描述时，彩色成像和立体成像是必不可少的。"

约翰斯顿说，高分辨率成像科学实验设备是一台用来观测火星的"显微镜"，功能之强大超出了我们的想象。"即便是下一代轨道飞行器，想要超越它目前的水平，也还有很长的路要走，尤其是在着陆点侦测能力上。"他说。

它通过所谓的**着陆点特征描述**（landing site characterization）帮助未来的火星任务确定着陆点。这不仅包括美国国家航空航天局的任务，也包括其他太空机构的任务。

"它可以飞到潜在着陆点的多条通道上空拍摄图像，从而描述该区域的特征。"约翰斯顿解释说，"科学团队通过观察斜坡、巨石和其他危险物体，来判定这些地点是否安全。我们面向今后所有的火星任务制订了一个流程：世界各地的任务团队都可以向我们提出请求，我们将这些请求作为研究目标纳入日程安排。这是任务团队开展国际合作的典范。"

高分辨率成像科学实验设备相当于一台口径 51 厘米的望远镜，配有多个最先进的数字探测器。它在火星上空 300 千米的轨道上运行，到目前为止已经拍摄了几十万张火星特写，其中既有宝贵的科学信息，也有惊艳的火星美景。

"火星表面覆盖着明亮的尘埃，"楚雷克说，"所以每个地方看起来都差不多。这有点儿像地球上的沙漠地区，乍一看全是一个样子。但随着你的眼睛逐渐适应，你会看到很多很多不同之处。"

楚雷克说，随着时间的推移，他们能看出有些多次拍摄过的地方发生了变化，比如出现了新的撞击坑、沙丘从一处移动到了另一处等等。他们用特殊的方式处理这些图像，使图像色彩变得"夸张"，也就是让蓝色更蓝，让红色更鲜明，从而突显细微的差别和重要的特征。

高分辨率成像科学实验设备还拍下了一些独特和罕见的图像。到达火星后仅7个月，它便从轨道上拍下了维多利亚坑，还

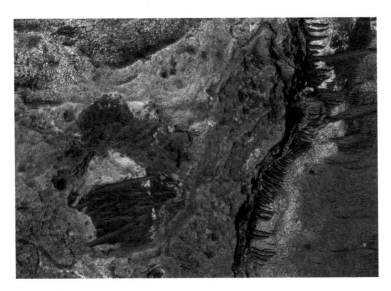

构造复杂的沉积岩层，位于埃伯斯瓦尔德坑（Eberswalde Crater）以北一个撞击坑的底部。图像由火星勘测轨道飞行器拍摄。几十亿年前，这个撞击坑里可能是一片湖泊。这个地方曾被考虑作为火星科学实验室①的着陆点。类似埃伯斯瓦尔德坑这样的地方，可能有静水形成的沉积岩，是寻找火星古代微生物证据的理想地点。

图片来源：美国国家航空航天局、加州理工学院-喷气推进实验室、亚利桑那大学

---

① 火星科学实验室，即"好奇号"火星车。

子午线平原（Meridiani Planum）上的维多利亚坑（Victoria Crater）。陨坑八点钟方向白圈里的黑点是"机遇号"火星车。

图片来源：美国国家航空航天局、加州理工学院-喷气推进实验室、亚利桑那大学、康奈尔大学、俄亥俄州立大学

有坑壁边缘处的"机遇号"火星车！图像上不仅能看见火星车本身，还能看到它留下的车辙在向我们展示它曾走过的火星路。自那以后，高分辨率成像科学实验设备又抓拍到了"勇气号"火星车、"凤凰号"（Phoenix）着陆器、"好奇号"火星车，甚至还发现了已坠毁的着陆器留下的痕迹。

令人难以置信的是，它还拍到了雪崩和沙尘暴。在黑暗的冬季，二氧化碳沿着陡坡结成干冰。到了第二年春季，日照使干冰融化脱落，形成雪崩。

麦克尤恩说，雪崩大多发生在春季中期，大致相当于地球的 4 月至 5 月初。高分辨率成像科学实验设备已经多次拍到雪崩。我们现在知道，火星北极地区每年春季都会出现雪崩。

高分辨率成像科学实验设备还拍到一场快速席卷火星表面的特大尘卷风（dust devil）。那是龙卷风一样的蛇形沙尘暴，尘埃柱高达 800 米，直径约 30 米。

或许，它给另外两个航天器拍摄的图像最令人惊叹，堪称

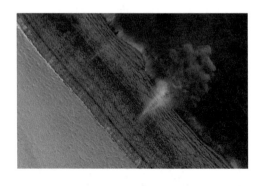

火星雪崩现场，由火星勘测轨道飞行器抓拍。雪崩发生在火星北极附近的一个冰面陡坡，激起一片约 200 米宽的红色尘埃云。
图片来源：美国国家航空航天局、喷气推进实验室、亚利桑那大学

高耸的尘卷风在火星表面投下影子，图像由高分辨率成像科学实验设备拍摄。
图片来源：美国国家航空航天局、加州理工学院-喷气推进实验室、亚利桑那大学

独一无二，因为拍摄时**航天器正在伞降**！

2008 年 5 月，"凤凰号"登陆火星，这是我们首次拍到航天器登陆外星的影像。高分辨率成像科学实验设备对准"凤凰号"的下降区域，从 760 千米远的地方，拍下了"凤凰号"和降落伞穿过火星大气的情景。图中可见充气完全、直径 10 米的降落伞。

"能拍到'凤凰号'降落有幸运的成分，当时的拍摄角度不错，提高了成功的概率。"麦克尤恩说。

2012 年 8 月，"好奇号"火星车即将着陆，高分辨率成像科学实验设备团队决定再抓拍一次。这到底有多难呢？

"如果你曾经在行驶的汽车上拍照，你会知道，照片上有些部分清晰锐利，对焦准确，而有些部分由于汽车不停移动而模糊不清。"见证了"好奇号"着陆拍摄过程的科学家萨拉·米尔科

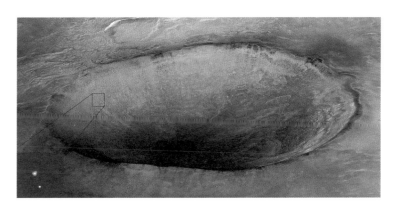

"凤凰号"伞降登陆火星的高度侧视图，由火星勘测轨道飞行器的高分辨率成像科学实验设备拍摄。这是直径 10 千米的海姆达尔坑（Heimdall Crater，非正式名称）的广角图像以及降落伞和着陆器的满解析度增强图像。"凤凰号"看似正在落入陨坑，但事实上它当时位于陨坑前方大约 20 千米处。

图片来源：美国国家航空航天局、加州理工学院-喷气推进实验室、亚利桑那大学

2012 年 8 月 6 日 "好奇号" 火星车降落的情景，由火星勘测轨道飞行器的高分辨率成像科学实验设备拍摄。白框中央是 "好奇号" 和降落伞，着陆点在夏普山外围沙丘群以北的刻蚀平原上。拍摄时，火星勘测轨道飞行器距离 "好奇号" 340 千米，并且正在接收 "好奇号" 发送的数据。

图片来源：美国国家航空航天局、加州理工学院-喷气推进实验室、亚利桑那大学

维奇（Sarah Milkovich）说，"面对这次千载难逢的机会，高分辨率成像科学实验设备团队要确保把正在下降的火星车拍清楚，而火星表面作为背景可以是模糊的。再有，曝光时间不能太长，以免明亮的降落伞曝光过度，但也不能太短，否则图像太暗太糊，什么也看不清。"

他们还要确保计算分毫不差，因为机会只有一次，时间仅够拍摄一张照片。这需要协调 "好奇号" 火星车的导航团队以及火星勘测轨道飞行器的导航团队和飞行工程团队。在 "好奇号" 着陆前 3 天，最终指令便已上传到轨道飞行器。几个团队紧张地等待着结果，想知道他们的计算和预测是否准确无误。

他们成功了。

"高分辨率成像科学实验设备前期已经给盖尔坑拍了 120 多张照片，但我觉得最后这张才是最酷的。"米尔科维奇说。

怎样从高速移动的航天器上拍照片

我问麦克尤恩，高分辨率成像科学实验设备的成像质量是不是令他大吃一惊。

"没有，一点都没有。"他说，"发射之前，行星科学领域有很多质疑的声音。主要的问题不在于成像设备的表现，而是怎样保证轨道飞行器的稳定性，这是获得清晰图像的前提。感谢工程师们把工作完成得这么漂亮。"

幕后的工程师和领航员为航天器保驾护航，他们是太空探索任务的无名英雄。

"我们必须准确预测火星勘测轨道飞行器的位置。"喷气推进实验室的资深航天领航员尼尔·莫汀格（Neil Mottinger）说，

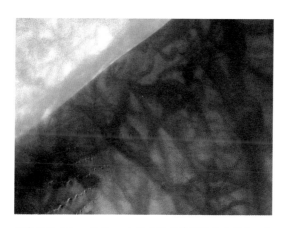

拉塞尔坑（Russell Crater）沙丘群被季节性干冰覆盖。这幅图像显示的是干冰升华后的情景：只剩下几小块明亮的干冰，蜿蜒曲折的暗色条痕是尘卷风刮过的痕迹。

图片来源：美国国家航空航天局、加州理工学院-喷气进实验室、亚利桑那大学

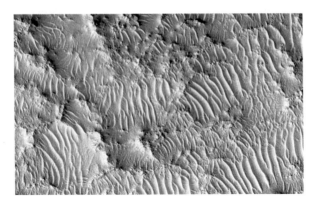

2020 年火星任务的潜在着陆点湖坑（Jezero Crater）。高分辨率
成像科学实验设备不仅可以帮助我们寻找有科学价值的着陆点，
还能够识别某个着陆点周边的潜在危害。选择着陆点是一件很
有难度的事情，着陆点既要有科学价值，同时着陆风险又要比
较小。
图片来源：美国国家航空航天局、加州理工学院-喷气推进实验
室、亚利桑那大学

他曾在发射阶段和任务早期与导航团队一道工作，"这样工程团
队才能把航天器对准合适的方向，以便科学家进行观测。如果我
们的预测准确，科学团队就能够看到雪崩或者观察某个特定区
域。如果预测错误，那么镜头会指向错误的方向。导航是确保任
务成功不可或缺的关键环节。"

火星勘测轨道飞行器以 3 千米 / 秒的速度运行。让我们继续
使用米尔科维奇的类比：与从行驶的汽车里拍照片相比，从一个
高速运动的轨道飞行器上拍照片有多难呢？

"哦，这很简单。"克里斯蒂安·沙勒（Christian Schaller）
笑着说（目标选择专家和科学团队使用的主要图像规划软件是沙
勒主持开发的），"真的，很简单，因为这么多优秀的工程师和科

学家已经建造了一个奇妙的轨道飞行器和一部强大的成像设备，美国国家航空航天局又有一流的导航能力。所以实际上，成像环节对我们来说几乎轻而易举，因为这帮天才把可怕的细节全都藏了起来，我们一丁点儿都不知道。"

通过复杂的协调，成像团队和导航团队能够掌握任意时刻轨道飞行器的准确位置和运行速度。

他们的协调方式是**星历表**（ephemeride，计算某一给定时刻行星和航天器的准确位置），通过喷气推进实验室的导航与辅助信息机构（Navigation and Ancillary Information Facility，NAIF）开发的机制来实现，其中包括一些相当复杂的首字母缩略词。

"这个机制被称为 SPICE，这五个字母分别代表 SPK（航天器和行星星历表）、PCK（行星常数）、IK（仪器描述）、CK（指向信息）和 EK（事件信息）。"沙勒解释说，"火星勘测轨道飞行器的导航团队生成轨道信息，将其转换为 SPICE 星历文件，然后传给扩展项目。我们的规划工具从 SPICE 文件中提取数据，并向我们显示航天器将要到哪里（轨道预测）以及去过哪里（轨道再现）。"

沙勒说，任务团队的主要挑战在于如何把相机的扫描速率跟预计对地速度匹配起来。"如果扫描速率错误，那么我们得到的图像就会模糊或者变形。"

这时就需要用上沙勒开发的软件，它可以根据预计对地速度计算扫描速率。

沙勒回忆起他第一次测试这个软件，也就是高分辨率成像科学实验设备从火星轨道拍摄第一幅图像的时候。当时，轨道飞行器正在利用火星大气的气阻慢慢减速（即大气制动），几个月后将进入科学轨道。

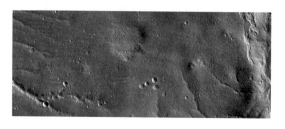

高分辨率成像科学实验设备在火星轨道上拍摄的第一幅图像，拍摄对象是博斯普鲁斯高原区（Bosporos Planum Region）。
图片来源：美国国家航空航天局、喷气推进实验室、亚利桑那大学

高分辨率成像科学实验设备在科学轨道上拍摄的第一幅图像，是阿尔弗雷德·麦克尤恩最喜欢的图像之一，拍摄对象是尤斯深谷（Ius Chasma）谷底的沉积层。
图片来源：美国国家航空航天局、喷气推进实验室、亚利桑那大学

"我们很紧张，也很兴奋。"他说，"我其实很担心。如果我把扫描速率弄错了，那随着轨道飞行器进入最终轨道，我恐怕就要忙得焦头烂额。"

任务团队在规划中心组织了一场活动，这样他们可以一起

等待首张图像的到来。"一看到图像，我们就被深深地震撼了。"沙勒说。

沙勒说，成像团队通常不会随机拍摄，他们基本上都是从火星上的一个选定地点开始拍摄，以满足地面的某种需要，比如科学团队的观测需要、着陆点分析的需要或者是公众建议的需要（详见后文）。

"我们从一个特定的目标开始，"沙勒解释说，"看看能不能观测到。如果能的话，就计算什么时候观测最合适。这需要我们与其他团队协调。得出结果后，我们设置好图像参数，生成观测指令，把指令发给喷气推进实验室，然后，工程团队将指令上传到轨道飞行器。"

像拍摄"凤凰号"和"好奇号"着陆这样的特殊情景，需要协调的范围就更广了。拍摄完成后要做的工作可是件苦差事——从高分辨率的巨幅原始图像中找出特定目标。

"高分辨率成像科学实验设备其实是由 14 台不同的相机构成的阵列（主阵列的上方和下方各有 2 台），所以我们要查看 14 幅不同的图像。"沙勒说，"我们得把 28 个文件[①] 搜个遍，每个文件都是宽 1 024 像素，高几万像素，而'好奇号'或'凤凰号'只有几个像素大小。"

因此，这些目标搜寻起来煞费功夫，而且他们不能百分之百地确定找得对不对。

"不过一旦有人找到了，大家都会知道，因为会有叫喊声从

---

① 因为每台相机有两个输出信道。

这人的办公室传出来。"沙勒笑道。

"我们在'好奇号'着陆前的几个月里已经拍摄了一大堆盖尔坑的图像。"团队中的航天器科学规划工程师克里斯廷·布洛克说,"我们对这个地区的了解可能超过了火星上任何其他地方。我们梳理了所有盖尔坑的图像,寻找任何新出现的事物。我们眯眼斜着看,歪头侧着看,在经过了很多次的空欢喜之后,终于找到了降落伞和后端保护罩。火星大部分地方都覆盖着尘埃,几乎只有一个颜色,但那只降落伞太亮了,像在发光一样。"

布洛克说,她和同事们为此次抓拍成功和给"好奇号"同仁提供的帮助而兴高采烈。"但在那一刻最让我激动不已的是,

"好奇号"的降落伞和后端保护罩,位于"好奇号"着陆点附近,图像由高分辨率成像科学实验设备拍摄。图片来源:美国国家航空航天局、喷气推进实验室、亚利桑那大学

我亲眼看到一个人造航天器降落到另一颗行星的表面,我禁不住傻乎乎地伸手去摸屏幕上的'好奇号'。"

成功抓拍"凤凰号"和"好奇号"穿过火星大气的情景,这让任务团队相信,他们真的几乎无所不能。

"这让我们明白,我们确实能做到,人类是了不起的。"沙

勒说,"看到从环火轨道上拍摄的火星图像,你会赞叹人类的伟大。但是当你知道目标航天器着陆的 7 分钟其实混乱不堪,而且相机视场与目标运行轨迹的重合时间仅有 40 秒左右时,你更会赞叹到无以复加。"

火星勘测轨道飞行器的发现

火星勘测轨道飞行器的一些发现表明,不同的仪器设备能够完成各种各样的工作,包括确定地下地质结构、扫描大气层以及观测火星每天的全球气象。此外,它还确定火星南极的极盖下埋藏着大量干冰。如果这些干冰以气体形式释放出去,火星大气的二氧化碳含量将增加一倍。

火星勘测轨道飞行器的数据显示,火星经历过 3 个不同的时期,这为我们了解火星的过去提供了线索。对火星最古老表面

硫酸盐 + 氧化铁　硫酸盐

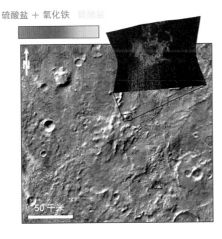

火星矿物填图表明,有个地方的矿物可能预示着那里的冰盖下面曾有火山喷发。这个地点距离现代火星的任何冰盖都很远,其不同寻常的地形被认为可能是冰下火山活动的结果。

图片来源:美国国家航空航天局、加州理工学院-喷气推进实验室、约翰斯·霍普金斯大学应用物理实验室、亚利桑那州立大学

50 千米

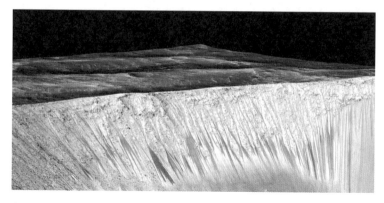

高分辨率成像科学实验设备一直在火星的中纬度地区和赤道上空监测反复性坡痕。其中一个监测点是梅拉斯深谷（Melas Chasma）谷底的一个陨坑。
图片来源：美国国家航空航天局、喷气推进实验室、亚利桑那大学

的观测表明，那里曾有不同类型的水环境，其中有些比其他的更利于生命存活。在距今更近的地质年代中，水在极地冰沉积与低纬度冰雪沉积之间以气体的形式循环，由此产生的成层模式暗示了与地球冰期类似的周期性变化。

利用火星勘测轨道飞行器上的矿物填图光谱仪，也就是火星专用小型勘测成像光谱仪，科学家发现，几十亿年前火星南半球的一个冰盖下曾有火山喷发，远离如今火星上任何其他的冰盖。这一研究表明冰在古代火星上广泛存在，并且提供了更多有关古代湿热环境的信息，此种环境可能为微生物的生存提供了有利条件。

在火星勘测轨道飞行器的众多发现中，有一个或许是最让人感兴趣的，因为它表明如今的火星上可能有水存在。利用成像光谱仪和高分辨率成像科学实验设备，研究人员发现山坡上神秘的暗色条痕似乎会随时间消长。在温暖的季节，它们的颜色会加

深，看起来就像从陡坡上流下来一样，到了凉爽的季节，它们的颜色又会变浅。

这些条痕被称为**反复性坡痕**（recurring slope linea，RSL），可以证明有含盐液态水顺山坡流下。科学家说，盐分会降低盐水的凝固点，这跟在路面上撒盐除雪是一个道理。这种盐水很可能是较浅的次表层水流，通过毛细作用渗透到表面，使坡痕变深。

"从科学的角度来说，这些反复性坡痕是此次任务最大的惊喜。"楚雷克说，"这些痕迹让我们进一步领会到，这颗历经沧桑的行星如今仍在发生显著的变化。"

两个大脑

几乎所有的航天器都有冗余系统，也就是说，有两套一模一样的系统，其中一套作为主系统，另一套作为备份。航天器一旦进入太空，我们几乎没办法到太空中去修理硬件（哈勃空间望远镜是个例外）。因此，冗余系统就像是一个保险措施。

计算机、电子设备和其他关键部件都可能有冗余。火星勘测轨道飞行器的计算机（即指令和数据处理子系统），其实就是它的"大脑"，负责控制它的所有功能。主计算机称为 A 端计算机，备份称为 B 端。

"这里有一个不成文的规矩，那就是不到万不得已绝不切换到 B 端。"楚雷克说，"因为上次用到 B 端计算机可能是几年前的事情了，所以你真的不知道它是不是还能用。"

工程师在火星勘测
轨道飞行器的指挥
中心。
图片来源：美国国
家航空航天局、加
州理工学院-喷气
推进实验室

然而，火星勘测轨道飞行器自有主张。它在 A 端和 B 端计算机之间随意切换，毫无征兆，而且很频繁。

"我们喜欢说它有自己的思想，或者说它人格分裂。"约翰斯顿说，"我们不知道这是为什么。我们调查过，但没找到它在两套系统之间跳来跳去的原因。说句老实话，我们没法控制它。"

尽管"人格分裂"，但它一直运行正常。约翰斯顿说："幸运的是，它的两个人格都是好人，起码大部分时候是好的。"

然而每当切换发生时，它都会进入安全模式，继而中止所有活动。接着，它会转向，将太阳能电池板面向太阳（当务之急是获得电力），然后将高增益天线对准地球，以便接收指令。

然后，任务团队执行诊断，找出切换的原因，并让它退出安全模式。但这可能需要几天时间，也就是说，科学仪器会有好几天不能工作，轨道飞行器也无法为火星车提供通信中继。因此，它这样来回折腾会影响其他火星任务。大多数情况下，"火星奥德赛号"可以代替它提供通信中继，但数据传输速率不高。

这种切换大多数时候不过是带来不便而已，但是有那么一段时间，切换已经频繁到令人担忧的地步。

"2007 年到 2008 年，它切换了 4 次，2009 年也是 4 次，而且每次间隔时间都很短。"约翰斯顿说，"看起来，切换变得越来越频繁，照这个趋势下去，它很可能会失控。"他们花了很长时间，从科学角度和任务的其他角度研究这个问题，虽然没有完全解决，但他们发现了一个可能致命的关联问题。

"我们发现，在一些特定情况下，它可能会失去记忆，所有记忆。"约翰斯顿说，"出现这种情况时，它会恢复到初始状态，认为自己回到了地球发射台上，需要用它的内置设备进行通信或者获取电力。遇到这种情况我们就必须介入，对软件进行特殊修改，好让它明白自己早已进入太空，并且要永远留在那里执行科学任务，再也不会回到发射台上了。"

约翰斯顿说，自那之后，它的运行情况有所改善。现在任务团队"更加坚信，即使再发生类似事件，我们也不会失去它，它只是经历'人格转换'而已"。

但对于一个日渐衰老的航天器而言，总会有这样或那样的不测。我到喷气推进实验室拜访约翰斯顿和楚雷克那天，火星勘测轨道飞行器在为着陆器提供数据中继时罢工了。任务团队重启了无线电，它又复工了。

"就在我们说话这会儿，它已经在深空中运行了 10 年，但仍能给我们带来惊喜。"楚雷克说，"物件总会老化，外太空的环境总体来说相当恶劣，而它差不多每两个小时绕火星一周，每天绕火星 13 周，到现在已经绕了 45 000 多周，所以看到它如今还能不断地自我修正，这让我觉得非常神奇。"

彗星飞掠

2013 年年初，天文学家发现了一颗彗星，并将其命名为赛丁泉（Siding Spring），编号 C/2013 A1。不久，科学家发现它正朝着火星方向飞去。在它撞击火星的可能性被排除之后，美国国家航空航天局决定动用整个火星轨道飞行器舰队来研究这颗彗星，火星勘测轨道飞行器正是舰队成员之一。约翰斯顿说，这既让人兴奋又让人头疼，因为他们从来没有做过这样的事情。

"如果这是你第一次尝试新事物，那你无论如何都会紧张。"他说，"赛丁泉彗星在 2014 年 10 月飞掠火星，这是个非常罕见的事件。高分辨率成像科学实验设备的预定目标是火星表面，而现在我们决定让它大量拍摄赛丁泉彗星飞掠火星的情景。对我来说，这正是此项任务最酷的一点，那就是利用意外事件带来的机会。"

为了从轨道上拍摄飞速移动的彗星，喷气推进实验室的工程师首先计算出彗星的位置，然后洛克希德·马丁公司的工程师以此为依据准确地操控火星勘测轨道飞行器转向。为了确保计算结果无误，高分辨率成像科学实验设备团队提前 12 天开始拍摄彗星，当时它的亮度勉强超过探测器的噪声水平。令他们吃惊的是，它的实际轨迹与计算结果并不完全一致。在获得新的位置信息后，火星勘测轨道飞行器成功锁定了飞掠的彗星。要是没有进行二次核查，轨道飞行器可能会完全错过赛丁泉彗星。

彗星掠过，火星安然无恙，但任务团队仍然不放心。

"尽管我们可以借这个绝好的机会观测彗星碎片，"约翰斯顿说，"但我们确实担心碎片颗粒会对轨道飞行器造成微陨石打击，搞不好还会毁掉飞行器。我们将轨道同步，让这几个轨道飞

2014 年 10 月 19 日，赛丁泉彗星近距离飞掠火星。为避免受到彗星尘埃的撞击，美国国家航空航天局的火星勘测轨道飞行器、"火星奥德赛号"和火星大气与挥发物演化探测器（MAVEN）进行"躲避和掩护"机动，躲到了火星后面。此图是这个过程的艺术概念图。飞掠时，彗核距离火星约 139 500 千米，被甩脱的尘埃颗粒以相对于火星和火星轨道飞行器大约 56 千米／秒的速度飞出。

图片来源：美国国家航空航天局、加州理工学院-喷气推进实验室

行器在彗星飞掠期间绕到火星的后面，这样当彗星后面的颗粒流跟着扫过时，火星会从中穿过，而轨道飞行器不会受到颗粒流的正面冲击。"

最终一切如愿，但约翰斯顿说，当时他还是高度紧张。

"尽管你做过分析，也想尽一切办法来保护它，但它的命运可能还是要取决于上苍的安排。"他微笑着说。

你也能给火星拍照

10 年里，高分辨率成像科学实验设备已经拍摄了近 5 万幅火星表面图像，为整个科学界的研究者提供了大量数据。如果非要挑毛病的话，这些图像唯一的缺点就是只能覆盖火星表面很小的区域，因为镜头拉得太近了。换句话说，无论这套设备能"活"多久，它都无法把火星表面拍全。事实上，即便把 10 年来拍摄的所有图像都算上，它也不过拍摄了火星表面的 2%。

从一开始，麦克尤恩就想让高分辨率成像科学实验设备成为"公众的相机"。公众有几种参与方式，其中之一是允许你就拍摄目标提建议。

"我们必须仔细选择拍摄目标。"该设备的宣传推广负责人阿里·埃斯皮诺萨（Ari Espinoza）说，"为此，成像设备团队邀请公众参与选择过程,这个计划被称为'高愿'[①]。专业人士和业余

---

① 高愿，原文 HiWish 由 HiRISE（高分辨率成像科学实验设备）的前两个字母与 wish（愿望）组合而成。

爱好者，大人和小孩，全世界任何人都可以参与。"

你只需登录"高愿"网站，提交你的建议。如果你没有建议，你可以通过网站提供的相关信息和可缩放地图来选择拍摄目标。如果你的建议被采纳，科学团队会通知你。

另一个计划叫作"美丽火星"（BeautifulMars）。

"因为我们一直把高分辨率成像科学实验设备看作公众的相机，所以我想把这个观念普及给世界各地的人，即便他们并不讲英语。"埃斯皮诺萨说，"科学团队已经给 1 700 多幅图像配上说明文字，好让公众能够看懂这些图像。我们还开始招募大批有兴趣了解火星的志愿者帮我们翻译这些文字。这件事刚刚起步。"

埃斯皮诺萨说，他们为"美丽火星"计划感到自豪。现在，高分辨率成像科学实验设备的有关材料已经能够以 27 种语言展示，这在美国国家航空航天局的所有现役太空任务里首屈一指。"此外，这些材料还能为语言复兴运动添一分力。"他说，

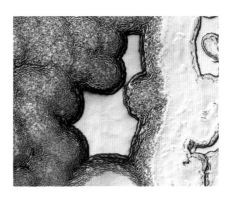

火星南极的残留冰盖（直到夏季结束也没融化掉的部分），由干冰组成。尽管冰盖挺过了温暖的夏季，但由于陡坡上的干冰升华后又沉积在平坦的地区，所以冰盖的形状不断变化。这幅图像拍摄于 2015 年 3 月 23 日。
图片来源：美国国家航空航天局、加州理工学院-喷气推进实验室、亚利桑那大学

"比如，这已经引起了北爱尔兰语言委员会和康沃尔郡语言委员会的关注。我们当然希望引入更多语种，包括原住民语言。"

火星表面看似树林的地形，其实是因干冰升华而垮塌的物质顺着沙丘滑过时留下的暗色条痕。

图片来源：美国国家航空航天局、加州理工学院-喷气推进实验室、亚利桑那大学

他们还利用社交媒体的力量，用多种语言分享这些图像。"我们喜欢把自己当作社交媒体大师，穷尽所有办法，让尽可能多的人接触到高分辨率成像科学实验设备和它拍摄的图像。"埃斯皮诺萨说。

此外，他们又开发了一个名为"火星诗集"（MarsPoetica）的推广活动，向公众征集火星主题的诗歌。他们还在 YouTube 上开通了"成像设备剪报"（HiClips）频道，以视频形式分享一些图像。

由于高分辨率成像科学实验设备拍摄的图像尺寸太大，加上有些部分呈长条状，所以不方便查看。为此，任务团队专门开发了"高视"①网页浏览器，用来轻松查看大图。

"高视浏览器可以帮助你在这些分辨率极高的巨幅图像里快速穿梭，"埃斯皮诺萨说，"你可以随意放大或者缩小某个区域。

---

① 高视，原文 HiView 由 HiRISE（高分辨率成像科学实验设备）的前两个字母与 view（观看）组合而成。

其设计原则就是让使用者能高效地浏览这些巨幅图像。"

开发这个浏览器的初衷是便于科学家在图像中导航，但也适用于那些喜欢近距离观察火星的天文爱好者。

任务团队还跟"宇宙探索"（Cosmoquest）网站（www. cosmoquest.org）合作，策划了一个名为"火星制图师"（Mars Mappers）的公众科学项目，参与者可以利用高分辨率成像科学实验设备提供的数据寻找火星陨坑，从而帮助科学家创建一个火星陨坑数据库。在这个过程中，人们不仅可以了解火星遭受撞击的频率，还可以参与火星表面不同区域的年龄测定。

火星勘测轨道飞行器的遗产

高分辨率成像科学实验设备为我们提供细致的火星特写，而背景相机则提供每像素 6 米的分辨率，优于以往所有的相机。背景相机已经拍摄了大约 97% 的火星表面，这让科学团队能够绘制出相当精细的火星地图。其他设备也会继续研究火星的表面、内部和大气。

火星勘测轨道飞行器还能运行多久？

"我们现在还看不到任务结束的征兆。"约翰斯顿说，"美国国家航空航天局希望它继续运行下去。我们的首要目标是坚持到 2020 年的火星车任务，让它做火星车的中继卫星。"

约翰斯顿说，飞行器的轨道机动燃料至少还能再支撑 20 年。

"这是当时的一个开发选项，因为我们用的是重型运载火箭，"他说，"所以当它在卡纳维拉尔角空军基地进入发射准备阶段时，我们确实能够把燃料箱加到极限。对我们来说，充裕的燃料可是非常宝贵的财富。我认为，我们应该担心的是机械寿命，比如动量轮上的陀螺仪一直在转动，这类零部件很快就会接近设计寿命。但整体而言，飞行器的状况良好，运行正常。"

约翰斯顿说，他坚信火星勘测轨道飞行器是火星探测器舰队的旗舰。"我们所做的每一件事都从长远上支撑火星计划的发展，让我们的科学家有用武之地，发挥他们作为世界级科学家的潜力。"

尽管把火星勘测轨道飞行器送到火星并非一帆风顺，但楚雷克说，他们正在收获这个长期任务带来的各种益处。

"给天体做长期记录很有价值，"他说，"但我们干太空探索这一行可不是为了反反复复做同样的事情，我们总希望有新的发现。"

楚雷克说，火星勘测轨道飞行器的长寿证明了建造团队和操作团队的实力。在我们谈话的过程中，他意识到自己正把它当成一个人来描述，于是他笑了起来："我的描述会让你感觉它是有思想的，这会儿正在听咱们俩说什么呢。从某种意义上说，确实是这样。它一直是我们的好朋友。"

第九章

摄月：
月球勘测轨道飞行器

"阿波罗号"登月的证据

那是 2009 年 7 月，人类首次登月 40 周年纪念日的前几天。1969 年 7 月 20 日，"阿波罗 11 号"（Apollo 11）飞船抵达月球，宇航员迈克·柯林斯（Mike Collins）留在月球上空继续绕月飞行，尼尔·阿姆斯特朗（Neil Armstrong）和巴兹·奥尔德林（Buzz Aldrin）则登上月球，迈出全人类的"一大步"。

马克·罗宾逊（Mark Robinson）想到一个非常特别的庆祝方式，但能不能办成，他并没有十足的把握。不过话说回来，在这个世界上，甚至在整个太阳系中，这件事如果说有谁能办成的话，那只能是罗宾逊和他的团队了。

4 个星期前，月球勘测轨道飞行器从地球发射升空，进入绕月轨道，开始绘制表面地图，并深入探索这个离我们最近的宇宙邻居。飞行器搭载的成像系统称作月球勘测轨道飞行器照相机（Lunar Reconnaissance Orbiter Camera，LROC），由 3 部相机组成，能够给月球拍摄高分辨率的黑白图像和中等分辨率的多光谱图像。

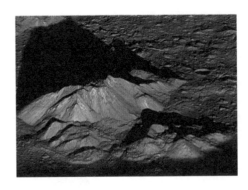

第谷坑（Tycho Crater）内中央峰的影子。图片上的整个山系由月球勘测轨道飞行器拍摄，视角从左到右覆盖大约 15 千米，最高峰与坑底的最大垂直距离约 2 千米。图片来源：美国国家航空航天局戈达德航天中心、亚利桑那州立大学

Chris Meaney/NASA 200

月球勘测轨道飞行器的艺术概念图。

图片来源：美国国家航空航天局

　　罗宾逊是月球勘测轨道飞行器的首席研究员，负责领导成像专家团队。为完成"阿波罗11号"周年纪念活动，他们打算用这台新的高分辨率相机给"阿波罗号"的着陆点拍照。以前的轨道飞行器也曾尝试找到和拍摄"阿波罗号"宇航员留在月球上的那些"小物件"，比如登月舱的下降段、各种实验装备和月球车等等，但都没有成功捕捉到人类首次也是唯一一次踏足地外天体的证据。

罗宾逊和他的团队还面临另一个挑战：月球勘测轨道飞行器刚刚进入初始轨道。2009年6月下旬，飞行器到达月球，进入一个非常扁的椭圆轨道。飞行器需要不断修正轨道，让轨道变得更圆、更靠近月球。在轨道修正期间，飞行器及其搭载的仪器要接受测试。也就是说，飞行器几个星期后才会到达最终的测绘轨道。这意味着在任务早期，飞行器和成像设备可能不够靠近月球，无法拍到"阿波罗号"的着陆点。

与此同时，任务团队仍在调试照相机，以确保所有设备和系统工作正常。想要在7月20日周年纪念日之前完成图像的拍摄、传输和处理，时间相当紧迫。不管怎样，罗宾逊和他的团队还是向飞行器发出指令，要求它在飞掠目标位置时尝试拍摄。

"任务团队迫不及待地等图像传回来。"罗宾逊回忆道，"我们很想体验第一眼看到登月舱下降段的快感，也想看看成像够不够清晰。"

结果令人狂喜。

"图像太棒了，成像效果非常好。"罗宾逊说，"看到那些物件还待在月球上等我们回来，这感觉实在太美妙了。"

他们看到了"阿波罗11号"、"阿波罗15号"、"阿波罗16号"和"阿波罗17号"登月舱的下降段。虽然分辨率不足以显示下降段的细节，但太阳高度角很小，下降段拉长的影子使着陆点清晰易见。令人惊讶的是，在"阿波罗 14 号"的着陆点，我们看到了宇航员在"交通繁忙路段"来回行走的足迹，还有一些貌似车辙的痕迹，那可能是手推车状的模块化设备运输车（Modular Equipment Transporter，MET）留下的（那次任务没有月球车）。

"正常测绘轨道的高度是 50 千米，而这次拍摄的实际轨道高度是 100 多千米。"2016 年，罗宾逊坐在亚利桑那州立大学的办公室回忆说，"我们知道，从这个高度可以看到下降段，或许还能看到阿波罗月面实验装置（Apollo Lunar Surface Experiments Package，ALSEP，用来监测月球环境、部署在各'阿波罗号'着陆点的科学实验设备）。当时太阳极为接近地平线，所以这些物件在月球表面留下了长长的影子。你可以看到，'阿波罗 16 号'登月舱的着陆点就在一个小陨坑的边缘，下降段的影子穿过陨坑，投到远处明亮的坑壁上。"

罗宾逊和他领导的成像团队，乃至整个美国国家航空航天局，都为看到"阿波罗号"的着陆点而感到兴奋。这次成功的拍摄说明相机运行正常。"我们对数据的质量很满意。"罗宾逊说。

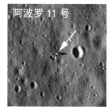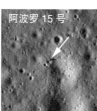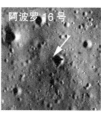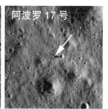

月球勘测轨道飞行器首次拍摄的"阿波罗号"着陆点的图像。
图片来源：美国国家航空航天局、戈达德航天中心、亚利桑那州立大学

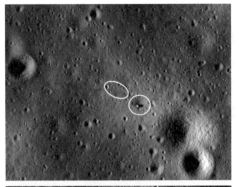

"阿波罗14号"着陆点的第一幅图像,拍摄时的光照条件非常理想,有助于我们辨认出更多细节,比如阿波罗月面实验装置、宇航员在该装置与登月舱之间往返的足迹等。

图片来源:美国国家航空航天局、戈达德航天中心、亚利桑那州立大学

月球勘测轨道飞行器第一次拍到"阿波罗11号"的着陆点。白圈内的影子就是登月舱下降段所在的位置。

图片来源:美国国家航空航天局、戈达德航天中心、亚利桑那州立大学

任务团队的其他人同样欣喜若狂。

从2007年开始,理查德·冯德拉克(Richard Vondrak)一直是月球勘测轨道飞行器任务的项目科学家,他直到最近才进入半退休状态。"其实,相机操控不在亚利桑那州立大学。"他说,"仪器团队的成员遍布美国,但任务操作团队就在马里兰州的戈达德航天中心,所以我们知道马克和他的团队正在尝试拍摄。有一天深夜,我收到了他的消息,赶紧去看电脑。看到图像时,我禁不住感叹一句:'我的天哪!真的能看到!'我把妻子玛丽喊过来,两个人都震惊了。我们不仅看到了登月舱,还看到了宇航员的脚印。"

冯德拉克注意到，宇航员的单个脚印超出了相机的分辨率，所以看不清楚。"在宇航员自己拍的视频和照片中，你会看到宇航员在月球表面是蹦着走，这是因为月球的重力较小，他们又穿着臃肿的宇航服。这种走法会带起很多表面物质，好比草坪上有层积雪，你走过时，踢起来的雪会放大你的足迹。"

看到"阿波罗号"着陆点的那一刻，冯德拉克格外激动，因为他曾是阿波罗任务科学团队的一员，负责协助宇航员执行任务。

"拍下这些图像，再把它们与人类历史上的大事件联系起来，这怎能不让人激动，何况我还是最先看到这些图像的人之一。"他说，"这让我欣喜若狂。"

诺亚·佩特罗（Noah Petro）现为月球勘测轨道飞行器的副项目科学家。这些图像让他感到非常亲切。

"我父亲曾经是'阿波罗号'的工程师，负责登月舱和背包（便携式生命支持系统）的零部件。"他说，"背包太重了，美国国家航空航天局不想带回地球，便把它们全都留在了月球上。我记得看到第一批图像时，我就一心想找到那些背包。这份记忆太美好了，一辈子都忘不了。再有，我一直是'阿波罗号'的粉丝，从小就仰慕'阿波罗号'的伟大成就。"

这些图像引起了全球轰动。老一辈回想起人类伟大历险的辉煌成就，年轻人即便因为当时年纪太小，并不记得那段"阿波罗"岁月，也同样激动不已。当然，还有那么一小撮顽固的阴谋论者，他们面对成千上万的反证，仍然深信美国人从未登月，坚持认为整个事件都是美国国家航空航天局在某个仓库里自编自导的骗局。但正如许多人指出的那样，伪造登月并且数十年不被拆穿，这其实比登月本身还要难。况且，如果是造假，为什么要造七次呢？更不用说还有一次险些酿成大祸（"阿波罗13号"）。

"重返月球，不再离开"

月球勘测轨道飞行器的月球之旅可以追溯到2004年1月，时任美国总统乔治·W.布什发表了一次重要讲话，宣布美国国家航空航天局将重返月球，为日后前往火星做准备。这个计划的第一步是发射一个月球轨道飞行器，详细勘测月球，为以后的着陆器和载人登月任务做准备。

美国国家航空航天局星座计划（Constellation Program）项下的"猎户座号"（Orion）航天器在环月轨道上的艺术概念图。
图片来源：美国国家航空航天局

"我们的目标，"布什在美国国家航空航天局的新闻发布会上说，"是在 2020 年之前重返月球，以此作为后续深空任务的起点。"他提出在 2008 年之前向月球发送多个无人探测器，最快在 2015 年执行一次载人登月任务，并且"让人类在月球上长时间生活和工作"。美国将实施一项新计划——星座计划，建造新的重型火箭，将人类送到月球和更远的目的地。

"月球勘测轨道飞行器是这项计划的第一个任务，"冯德拉克说，"而我们只有 4 年的时间。星座计划包含一系列了不起的任务，先是一个轨道飞行器，之后是一个着陆器，接下来还有更多，然后用不了多久，宇航员就会重返月球。无人探测器将绘制月球地图，寻找最理想的着陆点，搜索可用资源，并为实现宇航员安全着陆开展其他测量工作。"

在构思月球勘测轨道飞行器任务时，这些是最优先考虑的事情。"我们有总统的授权——'汝必先发射一个轨道飞行器、一个着陆器，而后编制人类重返月球计划。'"冯德拉克夸张地说，"这个计划的大多数任务，到现在应该已经实现了才对，然后人类应该乘'猎户座号'离开地球，并在 2020 年左右登月。其实，美国国家航空航天局本想在'阿波罗 11 号'50 周年纪念日之前完成这些目标。"

冯德拉克说，那时他们有总统的授权，工作氛围令人感觉既紧张又振奋。

"通常来说，这是个很官僚的过程，一项任务往往要等好几年才会获批和启动。"他说，"但是这次，从任务计划书的起草和发布，到获得所有签字，我们只用了几个月的时间。"

冯德拉克和在美国国家航空航天局总部的团队迅速编制计划，发布仪器征集公告，并在大约 6 个月之后启动了计划。

　　"一年前，火星勘测轨道飞行器任务过审获批。"冯德拉克回忆说，"这两个任务很相似，都是用高分辨率相机绘制表面地图，进行表面勘测。既然如此，我们就照着火星勘测轨道飞行器任务编写我们的计划书。"

　　冯德拉克拥有一个优秀的科学家和工程师团队。

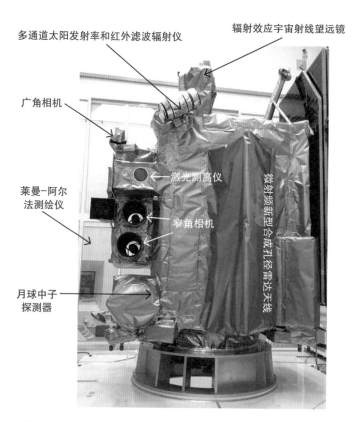

多通道太阳发射率和红外滤波辐射仪

辐射效应宇宙射线望远镜

广角相机

莱曼-阿尔法测绘仪

激光测高仪

窄角相机

微射频新型合成孔径雷达天线

月球中子探测器

2009 年 5 月，月球勘测轨道飞行器发射前夕的最后准备阶段。
图片来源：月球勘测轨道飞行器照相机、亚利桑那州立大学

月球勘测轨道飞行器的项目
科学家理查德·冯德拉克在
发射场。
图片来源：美国国家航空航
天局、戈达德航天中心

　　"我们在戈达德的团队十分出色。"他说，"克雷格·托利
（Craig Tooley）是我合作过的最优秀的项目经理，这个卓越的团
队由他组建，负责在戈达德建造飞行器。跟所有高优先级的紧急
项目一样，你需要一个敬业的团队。人人努力工作，团队士气高
昂，遇到问题时群策群力，只有这样才能成事。组建高效的团
队，配备必要的工具，激发大家的紧迫感，如果能做到这些，成
功指日可待。"

　　这次任务具有高优先级，自然不乏跃跃欲试者，所以科学
团队很容易组建。"大家都知道，这次任务不仅对国家来说意义
重大，它还会成为有史以来最杰出的月球任务。"冯德拉克说，
"很多科学工作者一直在等这个机会。"

　　团队成员到位，飞行器建成。2009 年 6 月 18 日，就在"阿
波罗 11 号"登月 40 周年纪念日前的一个月，月球勘测轨道飞行
器发射升空。这是美国国家航空航天局自 1998 年以来发射的首
个无人月球探测器。

　　就这样，这个"迷你库珀"大小、造价 5.04 亿美元的探测
器开始执行任务，它的目标是用至少一年时间为未来载人任务测

绘月球,之后再用几年时间进行科学调查。

"我记得飞行器到达月球时,有一篇新闻稿引用了我的一句话,'我们已进入绕月轨道,我们到那儿去是为了留下来'。"冯德拉克说。

月球勘测轨道飞行器表现完美,服役时间远远超过一年的主任务期。然而,发射后不到一年,美国国家航空航天局变卦了。

何去何从?

2010 年 2 月,受股市崩盘和次贷危机拖累,美国联邦政府面临 1.26 万亿美元的财政赤字。奥巴马总统宣布:星座计划即将取消,美国国家航空航天局不会把人类送到月球,至少短期内不会。从那以后,美国国家航空航天局的载人航天计划一直处于停滞状态。

"事情是这样的,计划进行不下去是因为没钱。"冯德拉克说,"很显然,整个计划到底需要花多少钱,我们很难确定,也负担不起。因此,不仅是星座计划,还有后续的无人探月计划也都取消了。"

直到今天,对于近地轨道之外的载人航天计划,美国国家航空航天局仍然没有一个清晰的愿景。虽然翻来覆去地讨论过一些小行星任务,但在所有太空狂热者的心目中,火星才是载人航天任务的终极目的地。美国国家航空航天局说,火星是一定要去的。然而,把一人大小的航天器和有效载荷送到这颗红色星球,费用极其高昂，过程异常困难。许多技术还没有开发出来，许多知识仍然欠缺。维持火星生活所需的各种设备和程序，需要先在一个近处的"试验场"接受测试。

这个试验场就是月球。人类在登上火星之前，必然要再次登月。

此外，载人火星任务的资金难以落实。现如今，美国国家航空航天局的资金有限，不可能再支持大型项目的运行，比如20世纪60年代的阿波罗计划。跟阿波罗计划相比，"在这10年里"，载人火星任务可没有不变的总统授权做保障，美国国家航空航天局载人航天计划的目的地似乎随着总统换届变来变去。

然而，不管美国国家航空航天局（以及那些决定资金投入的政客）如何谋划载人航天任务的走向，月球勘测轨道飞行器依然会绕着月球运行，并通过数据和发现改变我们对月球的认识。现在我们知道，月球与我们过去的认识不同，它并不是一个干巴巴的死寂之地。

"不管在国际上，还是在美国国内，科学界一直都对月球

月球勘测轨道飞行器低空掠过月球南极附近地区的可视化效果图。图片来源：美国国家航空航天局、戈达德航天中心科学可视化工作室

有着浓厚的兴趣，新发现层出不穷。"佩特罗说，"昨晚就有封电邮谈到一个很有意思的发现，这样的事情每周都会发生。我们的科研远没到山穷水尽的时候！我们拥有一个强大的探测器。如果你需要更多数据，你可以请马克和他的成像团队再多拍些照片，或者请其他仪器团队进行更多观测。这个探测器非常有价值。"

月球勘测轨道飞行器的7部科学仪器生成了海量数据。它的数据量在所有行星科学任务中位列第一（太阳动力学观测台属于恒星探测任务），并且比所有其他行星任务的数据量之和还要大。

"这很了不起，而且这些数据都是免费公开的，"佩特罗说，"所有人都可以使用，我们也鼓励人们使用。"

月球勘测轨道飞行器运行了7年多，任务团队已经向美国国家航空航天局提出了延期两年的申请。我去拜访冯德拉克和佩特罗的时候，他们正在等待结果。2016年7月1日，延期申请获得批准。

"尽管它的设计寿命相对较短，但它由一支优秀的团队精心打造。"冯德拉克说，"它没出现过任何严重的问题，所有系统运行正常。另外，这个科学团队非常能干，取得了一些振奋人心的发现。"

冯德拉克说，任务团队精心管理飞行器及其资源。如果美国国家航空航天局批准的话，剩余的燃料和其他消耗型物资足以支持任务再运行6~8年。

"希望人类有一天能重返月球，"他满怀憧憬地说，"月球勘测轨道飞行器能帮上忙。我们正在编写基础版月球旅行指南，这是一份遗产。我相信，四五十年后，对于来自不同国家的形形色色的探月者，月球勘测轨道飞行器的数据库和我们创建的月球地图会指导他们飞向月球。"

冯德拉克说，月球勘测轨道飞行器让我们知道，月球原来是一个颇为有趣的地方。

"过去，人们只把月球看成一个遥远的天体。"他说，"我们有'阿波罗号'拍摄的赤道图像和其他轨道飞行器拍下的画面，但这些航天器的相机分辨率和其他仪器的功能都赶不上我们的飞行器。现在，对于月球的任何一处，我们都能讲个清楚明白。行星科学让我们知道，那些遥远的天体都是独特之地，而这正是行星科学的魅力所在。"

激光测高仪

月球勘测轨道飞行器上的激光测绘仪器以每秒 140 次的惊人频率拍摄月球，描绘月球表面的每个角落和每一处高低起伏，误差小于 10 厘米。

"月球地形图的网格间距比美国国家公园的远足地图还要小，"冯德拉克说，"我们能够看到很小尺度上的月面细节。事实上，比起太阳系的其他天体，我们对月球的形状、等高线和地形了解得更多，甚至比地球还多，因为地球表面大部分伸入海底，而地球的海底测绘不如月球的表面测绘做得好。"

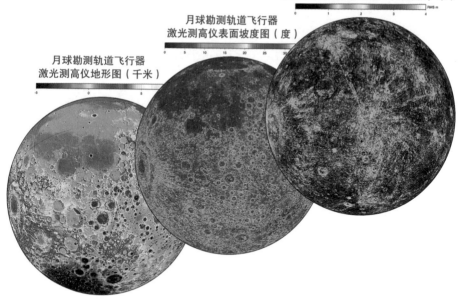

月球勘测轨道飞行器激光测高仪提供了月球正面的补充图像：地形图（左）、表面坡度（中）和表面粗糙度（右）。

图片来源：美国国家航空航天局、月球勘测轨道飞行器、月球勘测轨道飞行器激光测高仪科学团队

　　这套测绘系统被称作月球勘测轨道飞行器激光测高仪（Lunar Orbiter Laser Altimeter，LOLA），它的垂直精度和测量频率分别是以往激光测高仪的 10 倍和 300 倍。它不仅能创建详细的等高线图，还可以提供月球上存在"阿波罗号"遗留设备的进一步证据。

　　"阿波罗 11 号"、"阿波罗 14 号"和"阿波罗 15 号"都在着陆点上部署了激光测距反射镜阵列（Laser Ranging Retroreflector，LRR）。它由一组角反射镜组成，可以原方向反射入射光线。

1970 年和 1973 年登月的两台苏联"月球车号"（Lunokhod）漫游车也部署了类似装置。在任务的大部分时间里，月球勘测轨道飞行器经过"阿波罗号"和"月球车号"着陆点时都需要关闭激光测高仪，否则原路返回的激光会损坏测高仪。

但到 2017 年的时候，月球勘测轨道飞行器的运行轨道将会升高，任务团队计划在它经过"阿波罗号"和"月球车号"着陆点时开启激光测高仪，以便获取着陆点地区的地形信息，并将这些信息纳入详细的月球等高线图。佩特罗说，随着飞行器的轨道升高和激光测高仪的强度减弱，测高仪被激光损坏的可能性越来越小。

自从激光测距反射镜阵列部署以来，位于得克萨斯州的麦克唐纳天文台（McDonald Observatory）已经向反射镜阵列发射激光束并测量了往返距离，从而提供了有关月球轨道、月球退行速率（目前为每年 38 毫米）和月球自转变化的准确数据。这是"阿波罗号"任务仍在返回数据的唯一实验设备。

"阿波罗 11 号"的激光测距反射镜阵列。
图片来源：月球与行星研究所（Lunar and Planetary Institute）

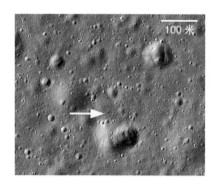

仍然留在雨海（Mare Imbrium）的苏联"月球17号"（Luna 17）无人着陆器。1970年，该着陆器将"月球车1号"（Lunokhod 1 Rover）漫游车带上月球。图像由月球勘测轨道飞行器的照相机拍摄。

图片来源：美国国家航空航天局、戈达德航天中心、亚利桑那州立大学

因此，尽管仍有人质疑"阿波罗号"登月的真实性，但月球勘测轨道飞行器的科学家却必须妥善应对"阿波罗号"和其他探月任务的遗留物件造成的实际影响。

全新的月球

2009年是人类对月球的改观之年，这归功于几项探月任务。过去，我们认为月球极其干燥，这个认识主要源于"阿波罗号"宇航员带回的月球样本。尽管不少样品都含有微量水或微含水矿物，但这通常是地球污染的结果，因为月岩样品箱不是密封的。科学家由此推断，这些微量水来自渗入样品箱的地球空气。从那以后，我们一直认为，除了两极可能存在水冰之外，月球上没有水。

40年后，印度"月亮岛1号"（Chandrayaan-1）航天器的月球矿物成像测绘仪（Moon Mineralogy Mapper，M3）发现，月球表面零散分布着以水分子或羟基（或者两者皆有）形式存在

的水。另外两个航天器——任务重置的"深度撞击号"（Deep Impact）彗星探测器和 1999 年飞掠地球的"卡西尼号"——在执行任务途中飞掠月球，它们获得的数据也证实了这一发现。月球矿物成像测绘仪团队的罗杰·克拉克（Roger Clark）重新分析了"卡西尼号"的月球档案数据，得出的结果与"月亮岛 1 号"的发现一致：月球表面广泛存在少量的水，而这些水可能是太阳风带来的。

"月球矿物成像测绘仪团队重新分析了'阿波罗号'宇航员带回的岩样，发现岩石内部含有少量水。"当时正在该团队工作的佩特罗说，"我们对月球挥发分的认识正处在一个转折点，而月球勘测轨道飞行器恰好在这个时候发射，帮助我们加深了认识。另外，我们还有月球陨坑观测与遥感卫星（Lunar Crater Observing and Sensing Satellite，LCROSS）。"

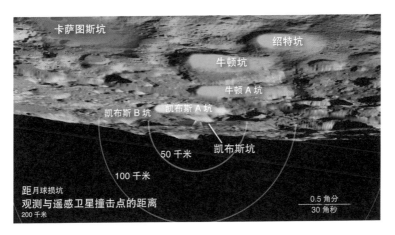

月球南极和几个月球陨坑的位置，其中包括月球陨坑观测与遥感卫星撞击点所在的凯布斯坑（Cabeus Crater）。
图片来源：美国国家航空航天局、戈达德航天中心科学可视化工作室

水及其他

月球陨坑观测与遥感卫星是月球勘测轨道飞行器的伴生任务，它的目标是确定月球极地陨坑内所谓的**永久阴影区**（permanently shadowed region，PSR）中是否有水冰。这些陨坑的边缘极高，斜阳下长长的影子遮住了坑内的大部分地方，所以没有或罕有阳光能照进陨坑。

月球陨坑观测与遥感卫星和月球勘测轨道飞行器同时发射，前者随"阿特拉斯 5 型"火箭的"半人马号"（Centaur）上升段飞向月球。按照计划，上升段将会撞击月球南极的一个永久阴影区——凯布斯坑。4 分钟后，负责"护送"的月球陨坑观测与遥感卫星紧随其后，用 9 种科学仪器监测撞击产生的喷射物，从而判断这个黑暗、未知的陨坑释放出哪些物质。月球勘测轨道飞行器、哈勃空间望远镜和地基天文望远镜也会尝试拍摄这一过程。

有人担心这样做相当于"轰炸"月球，会给月球造成破坏。尽管这次撞击预计会激起几吨重的月球表土，但根据任务首席研究员托尼·科拉普雷特（Tony Colaprete）的估算，这对月球的影响是波音 747 客机上一名乘客的一根睫毛掉到地板上对飞机影响的百万分之一。

"在月球上，自然撞击事件平均每个月发生 4 次，我们在或不在都会发生。"科拉普雷特说，"不同之处在于，这次撞击特别锁定了某个地点，也就是凯布斯坑。放心吧，物理定律告诉我们，撞击带来的干扰微乎其微。"

2009 年 10 月 9 日，任务按计划进行。虽然羽状喷射流并不像预期的那样从地球上可见，但月球陨坑观测与遥感卫星穿过碎片流时收集了数据，并将这些数据传回地球，随后它也撞向月球表面，引发了第二股喷射流。

艺术渲染图，图中月球陨坑观测与遥感卫星正在研究"半人马号"上升段撞击月球引发的羽状喷射流。
图片来源：美国国家航空航天局、艾姆斯研究中心

重达 2 400 千克的"半人马号"上升段撞出一个直径 25~30 米的坑。任务团队估算，总共有 4 000~6 000 千克碎片从这个黑暗的撞击坑中飞出，并进入月球陨坑观测与遥感卫星被阳光照亮的视野。

任务团队观测到大量以多种形式存在的水。"有的是水汽，"科拉普雷特在美国国家航空航天局艾姆斯研究中心说道，"而更重要的是，我们还观测到了水冰。这确实至关重要，因为水冰意味着水富集到了一定程度。"

有多少水冰呢？科拉普雷特的描述是"大块"的水冰。月

球陨坑观测与遥感卫星搭载的近红外、紫外和可见光光谱仪发现，从陨坑喷出了大约 155 千克的水汽和水冰。科拉普雷特和他的团队由此估算，单是水冰可能就占到凯布斯坑内物质总质量的 5%~8%。

任务团队的另一位科学家珍妮弗·海尔德曼（Jennifer Heldmann）说，根据卫星仪器以及月球勘测轨道飞行器的观测结果，尤其是莱曼-阿尔法测绘仪的数据，如果以质量计算，水是占比最高的挥发分，其次是硫化氢、氨、二氧化硫、乙炔、二氧化碳和几种碳氢化合物。

"我们发现了所有这些挥发分，"她说，"也就是可能在极低温度下凝结的气体。科学团队里有人把这些永久阴影区看作太阳系的'废料场'，因为撞击和其他过程中产生的物质会在那里沉积下来，而那里非常寒冷，以至于进入其中的分子没有足够的能量逃逸，所以大量的水和其他物质被困在了月球极地。"

如果人类重返月球，水和其他元素将会成为重要的可利用资源。月球水可以饮用，而组成水的氢和氧可用来生产火箭燃料和适于呼吸的空气。

海尔德曼和科拉普雷特说，月球陨坑观测与遥感卫星的发现彻底改变了我们对月球极地的看法。

"这是一次真正的探索，"科拉普雷特说，"我们正在踏上一片人类从未涉足的领域。几十年来，科学家一直想研究永久阴影区。尽管有些发现仍让人百思不得其解，但这次探测没有让我们失望。"

近来的其他发现也给我们带来了更多的惊喜和更多未来可

利用的月球资源。2015 年，月球勘测轨道飞行器的月球中子探测器（Lunar Exploration Neutron Detector，LEND）发现，在月球的南半球，面朝南极的陨坑斜坡有更多含氢分子（可能也包括水分子）。

莱曼-阿尔法测绘仪是一种光谱成像仪，它可以对月球表面进行测绘并在紫外波段观测月球的微弱大气。它也探测到月球极地存在水冰，并发现每立方厘米月球大气中含有大约 4 万个氢原子。但是，氢的浓度似乎随着月球表面温度和昼夜更替呈周期性变化。任务团队仍在研究这些氢是源自月球还是被太阳风带到了月球。

此外，月球中子探测器、莱曼-阿尔法测绘仪和激光测高仪都检测到了月球表面的变化，引发变化的原因可能是所谓的**挥发分迁移**（volatile migration），即少量的水和其他物质在月表出没和移动的现象。尽管其机制尚未完全厘清，但科学家认为，这种现象跟一个月球日内的温度变化有关。

月球勘测轨道飞行器上的微射频新型合成孔径雷达（MiniRF）可以创建月球的雷达地图，包括首张月球背面的雷达地图。在任务后期，这台仪器的发射器出了问题，所以现在任务团队与波多黎各阿雷西博天文台（Arecibo Observatory）的射电望远镜合作，进行所谓的**双基地**（bistatic）测量，以便观测月球极地陨坑的内部。工作过程是这样的：阿雷西博射电望远镜向月球发射无线电信号，月球反射回来的信号由微射频新型合成孔径雷达接收。

"我们在两个雷达仪器呈不同夹角的情况下进行测量，这样

就可以获得有关月球次表层冰的优质数据。"冯德拉克说，"这是
人类第一次尝试从地球端这样去测量。"

月球勘测轨道飞行器还发现了 200 多个"洞穴"，也就是坑
壁陡峭的月球深坑。这些洞穴不仅令人心驰神往（未来的月洞探
险？），将来或许还可以用作宇航员的庇护所，让他们免遭辐射、
微陨石和尘埃的伤害。洞穴的直径从 5 米到 900 米不等。在这些
洞穴里，我们或许能找到关于月球内部结构以及月球形成过程的

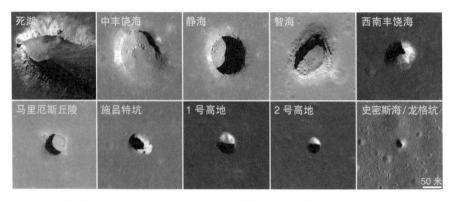

月球勘测轨道飞行器发现的各种各样的月球深坑。每幅图像所覆盖的跨度约为
222 米。

图片来源：美国国家航空航天局、戈达德航天中心、亚利桑那大学

月球勘测轨道飞行器与地
面研究人员合作发现了一
个新形成的陨坑。

图片来源：美国国家航空
航天局、亚利桑那州立
大学

更多信息。

月球勘测轨道飞行器搭载的另一部仪器是多通道太阳发射率和红外滤波辐射仪（Diviner），它取得的一个发现对未来的探月者而言可能不是好消息，但的确会让月球因此与众不同。这个发现就是：太阳系最冷的地方在月球。这个地方位于月球南极附近永久阴影区的陨坑中。在永久的黑暗中，那里基本保持恒定的零下 240 摄氏度，仅比绝对零度高 33 度，比冥王星，甚至可能比太阳系的最远端还要冷。月球勘测轨道飞行器的数据显示，月球实际上正在缩小。月壳上最新发现的叶状陡崖表明，在地质意义上不远的过去，月球经历过全球性收缩，而这种收缩或许今天仍在继续。

"这就好比你把一个橙子或别的水果放到太阳底下，它会变干，出现褶皱和龟裂，因为随着水果的体积缩小，果皮会出现富余。"冯德拉克说，"月球也是这样，虽然这个过程极其缓慢，但我们还是可以看到这种缓慢收缩造成的隆起。"

佩特罗说，最令人惊叹的是照相机团队发现了新形成的月球陨坑。"新的撞击坑仍在不断形成，过去 5 到 7 年里就出现了几个新坑。"他说，"以往的探月任务没有一个能做到这一点，因为监测撞击的唯一方法就是长时间守在那里，而之前那些任务没有运行超过两年的。"

事实证明，月球撞击事件的发生频率超出所有人的预想。在亚拉巴马州的亨茨维尔，美国国家航空航天局的马歇尔太空飞行中心（Marshall Space Flight Center）有一个研究小组，专门监测月球撞击事件。通过结合中心自己的数据和月球勘测轨道飞行器照相机的数据，他们每年都能探测到几百次撞击。照相机团队回过头研究任务最初一两年拍摄的图像，然后将旧图像与新图像进行比对，发现了在两次拍摄之间形成的新陨坑。这种在前后不同时间拍摄的图像称作**时间对**（temporal pair），我们通过比对可以搜寻新的撞击坑以及其他各种各样的表面变化。

其中有一个撞击事件特别引人注意，那就是上述团队观测到的最耀眼的闪光。

2013 年 3 月 17 日，一块卵石大小的天体撞击雨海表面后爆炸，闪光的亮度几乎是以往任何有记录事件的 10 倍。照相机团队确定了大致的撞击位置，并通过与先前的图像比对找到了新陨坑。

科学家估计，这颗流星体重 40 千克，宽 0.3 米，以每小时9 万千米的速度撞击月球。撞击产生的爆炸相当于 5 吨 TNT 炸药的威力。在不计其数的月球陨坑中，这个直径 18.8 米的新陨坑不算大。但撞击碎片飞出好几百米，照相机团队在远至 30 千米的范围内发现了 200 多处表面变化。

"人们以为月球是静态的，没有变化。"冯德拉克说，"但我们发现，事实并非如此。通过重复成像，我们发现了新的陨石撞击事件。我们已经找到月球极地陨坑中存在水冰的证据，还发现了几乎永远被太阳照亮的极地丘陵，那里有很多资源，将来可以作为人类探月者的理想居住地。"

"认为月球死气沉沉的想法是不对的。"佩特罗说，"我们确实看到了月球的变化，其实我一直希望人们思考一个问题，那就是，月球勘测轨道飞行器从到达月球算起，不过才运行了大约 80 个月球日，相当于 7 个地球年，但我认为这已经不再是观测月球的好办法了。我们发现，即使在 1 个月球日，也就是 29.5 个地球日内，月球也有变化。想要真正跟踪和监测月球的变化过程，飞行器需要再运行一段时间。"

即使我们延长任务，月球勘测轨道飞行器也只剩下 100 个月球日的时间了。

"还有很多科学研究要做，我们距离大功告成还远得很。"佩特罗说，"通过长期观测，我们能够捕捉到那些细微的变化。对于任何无空气的天体，无论是月球、小行星、火星的卫星还是

一个年轻月球陨坑的斜视图。该陨坑直径 1 400 米，迅速形成于恰普雷金坑（Chaplygin Crater）的边缘，蕾丝状喷射物突显了陨坑周边多丘、陡峭的地形。最明亮的物质来自陨坑下半部，是新陨坑最后喷出物的一部分。

图片来源：美国国家航空航天局、戈达德航天中心、亚利桑那州立大学

水星，这些变化都具有基础性意义。所以我认为，这些发现改变了人们对月球以及其他无空气天体的看法。"

近看月球

如果你曾在晴朗的夜晚举头望明月，欲知明月何模样的话，那你可走运了。月球勘测轨道飞行器照相机拍摄的月球图像精细绝伦，让人感到仿佛亲眼从近月轨道上观察月球。

"月球勘测轨道飞行器照相机拍摄的月球图像令人心生敬畏，向人类展现了月球那令人窒息的美，它果真没白去月球一趟。"冯德拉克说道。

月球勘测轨道飞行器照相机由两部窄角相机和一部广角相机组成。前者每次拍摄月球表面 5 千米宽的测绘带，生成分辨率为每像素 0.5 米的黑白图像；后者每次拍摄 60 千米宽的测绘带，生成分辨率为每像素 100 米的七色光谱图像。广角相机每月生成一幅新的全月面地图，而窄角相机到 2016 年为止才拍摄了 40% 的月面，这体现出两种相机的差异。

3 部相机在捕捉月球惊艳美景的同时，还为我们提供了丰富的科学数据。

"这套仪器由圣迭戈的马林空间科学系统公司精心设计和制造。"罗宾逊说，"真的，正是这个团队的专注和奉献造就了如此超群的成像系统。"

佩特罗同意罗宾逊的说法，但他又补充说，这套成像系统

乔尔丹诺布鲁诺坑（Giordano Bruno Crater）。高耸陡峭的坑壁和坑底高地起伏的丘陵清晰可见。

图片来源：美国国家航空航天局、戈达德航天中心、亚利桑那州立大学

月球勘测轨道飞行器照相机的窄角相机、广角相机以及序列和压缩系统。

图片来源：亚利桑那州立大学、月球勘测轨道飞行器照相机

能够如此出众，操作团队也功不可没。

　　"这个团队非常优秀，马克·罗宾逊简直太了不起了。"佩特罗说，"他有一双发现美的眼睛，比如他就是知道，如果我们把探测器对准这个点，就能拍到某个陨坑被阳光照亮的中央峰。虽然他关心的主要是科学数据，但他同时也拍下了这些惊艳的美景。"

　　太阳高度角的变化展现了月球景观的细节，明暗对比，令

人惊叹。巨石林立处，石影遍布。在昏暗地带里，只有山顶沐浴着阳光，分外醒目。大大小小的陨坑敞开怀抱，邀你观看内里的明暗错落。这样的图像告诉我们，月球自身便称得上是一个美丽变幻的世界，巴兹·奥尔德林所谓"壮丽的荒凉"绝非过誉之词。

广角相机在不同光照条件下的成像结果可以突显哪怕是极为细微的特征。尽管月球勘测轨道飞行器照相机以大约 1 600 米/秒的速度绕月飞行，但拍摄出来的图像却异常清晰。相机的曝光时间为 0.3 毫秒，而最快的非专用相机的曝光时间都是它的 3 倍。

月球勘测轨道飞行器照相机每天进行大概 400 次观测（窄角相机约 300 次，广角相机约 100 次），每天将大约 50GB 的数据传回地球。它的电子控制系统称为序列和压缩系统（Sequence and Compressor System，SCS），支持两种相机的数据采集。

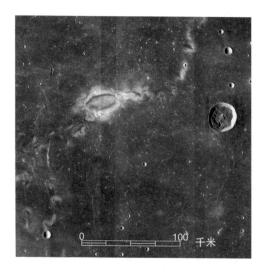

莱纳伽马（Reiner Gamma）月涡，由月球勘测轨道飞行器拍摄。
图片来源：美国国家航空航天局月球勘测轨道飞行器广角相机科学团队

瞄准、传输和图像处理这些工作，90%都是自动完成的。罗宾逊说，离开自动化，他们就无法跟上数据流的速度。即便广泛采用了自动化，他们仍然需要二三十个人在亚利桑那州立大学专门的科学操作中心操控相机。

月球勘测轨道飞行器照相机并不是一直拍摄它下方的区域。相反，为了解答一些具体的科学问题，操作团队经常让它拍摄行星科学家选定的月面目标。在规划观测目标时，科学团队需要考虑到光照条件、温度、角度、时间等因素。莉莲·奥斯特拉赫（Lillian Ostrach）说，观测目标由团队共同研究决定。在亚利桑那州立大学读研期间，她曾为科学团队工作过，现在是科学团队的正式成员，在戈达德航天中心工作。

"我们有一个国际科学团队，负责提出参考意见，还有一个操作团队，帮助我们识别值得拍摄的地点。"她说，"每个团队成员都在为目标确定、图像采集和图像处理做贡献。"

任务启动时，月球勘测轨道飞行器照相机的一个主要目标就是以米级分辨率研究月面，寻找未来任务的潜在着陆点，也就是地质上"具有吸引力"且可以安全着陆的地点。

然而现在，它的主要目标是描述月球的地质演化过程。为此，它要观测月球表土的性质，用广角相机绘制月球表面的矿物填图，结合高分辨率窄角相机的立体图像和激光测高仪的数据，生成详细的数字地形模型，并确定当前月球遭受撞击的频率。

任务团队在分析图像时意外发现了年轻火山活动的证据。科学家此前估算，月球的火山活动结束于大约10亿年前。月球勘

岩浆流遍布这片坍塌地区的底部。此处没有形成撞击坑和陡峭的边缘，说明这些岩浆的喷发时间相对较近。

图片来源：美国国家航空航天局、戈达德航天中心、亚利桑那州立大学

测轨道飞行器照相机的图像让科研人员得以更准确地测定月球火山活动的年代。他们发现，月球火山活动并非戛然而止，而是逐渐减弱。根据新的图像，有很多与众不同的岩石沉积的年龄估计不到 1 亿年，有的可能还不足 5 000 万年。

"阿波罗号"的着陆点一直是这次任务的特别观测对象。有一次，月球勘测轨道飞行器的运行轨道降到最低位置，距离月球表面仅 21 千米。低轨道运行使飞行器能够更清晰地拍摄这些具有历史意义的地点。

"对我而言，后来拍摄的图像同样令人激动，或许更令人激

动。"罗宾逊说，"我们不断降低轨道高度，这样，太阳距离地平线更高，人类留下的活动痕迹和物件变得更加清晰。我们进行了多次拍摄，每次太阳的高度角都不一样。通过比较不同光照条件下的月球表面，我们就能够看到更多细节，并能重新解释每个采样点的地质背景。"

例如，通过观察"阿波罗号"着陆点的系列图像，任务团队可以从影子辨别出当年宇航员竖在月球上的旗子。"阿波罗 11 号"的旗子已经倒了，所以是个例外。

"巴兹·奥尔德林报告说，'阿波罗 11 号'的旗子被登月舱的喷气吹倒了。"冯德拉克说，"月球勘测轨道飞行器的图像和登月舱自录的视频都证实了这件事。在月球勘测轨道飞行器的图像上，我们能看到竖在其他着陆点的旗子投下了影子，但由于辐射和强烈的太阳紫外线，旗子可能已经褪色或者破损了。"

冯德拉克说，月球勘测轨道飞行器照相机的图像还可以提供背景参考，帮助科学家研究"阿波罗号"宇航员带回的月岩，解开一些谜团。

"'阿波罗 14 号'留下了一个大谜题。"冯德拉克说，"在前往锥形坑（Cone Crater）的途中，埃德加·米切尔（Edgar Mitchell）和艾伦·谢泼德（Alan Shepard）到底是在哪儿捡到这些岩石的？他们俩最终没有到达陨坑的边缘，也不知道离边缘还有多远。至于捡起岩石的位置，他们的记录并不完善。他们倒是拍了照片，但照片上的地形特征在之前的轨道数据中根本就找不到。这些岩石到底是在哪儿捡的？这成了一个地质学难题。"

月球勘测轨道飞行器照相机有着敏锐的视觉，能够看到宇航员的足迹。这些足迹显示，他们是在卵石采样点停下了脚步。"所以，现在我们很清楚这些岩石的来源。"冯德拉克说，"而且我们还知道，他们俩如果再走 30 米，就会到达陨坑的边缘。他们带回了边缘附近的岩石，达成了科学目标，但错过了壮观的陨坑全景。"

"阿波罗 17 号"宇航员哈里森·（杰克）·施密特［Harrison（Jack）Schmitt］是唯一登上月球的地质学家。他一直在研究月球勘测轨道飞行器照相机的轨道数据，因为他和同行的另一名宇航员吉恩·塞尔南（Gene Cernan）对岩石的采样边界有疑问。施密特现在正与罗宾逊、佩特罗合作，他们已经就一些新发现完成了一篇科学论文。

"根据月球勘测轨道飞行器照相机的数据以及其他一些最近的数据集，这篇论文重新审视了'阿波罗 17 号'的着陆点。"佩特罗说，"杰克发现，着陆点周边月面的年龄不同于过去 45 年的认知，而我们都同意他的观点。我们还没有完全弄清楚，但月球勘测轨道飞行器照相机提供的新信息足以让我们质疑有关着陆点的一些结论和假设，这太不可思议了。"

月球是一个迷人的地方，月球勘测轨道飞行器照相机拍摄的图像充分展现了这一点。2016 年，位于华盛顿特区的史密森国家航空航天博物馆（Smithsonian's National Air and Space Museum）举办了名为"新月升起"（A New Moon Rises）的特别展览，展品包括月球勘测轨道飞行器照相机拍摄的照片。我有幸观看了这次展览，巨幅月球全景图铺满整面墙壁，展示出复杂的细节，令人心生敬畏。在这张巨幅图像中，月球表面的微小变化清晰可见，让我们看到更多月球美景。目前，月球勘测轨道飞行器照相机档案中已有 100 多万幅图像。

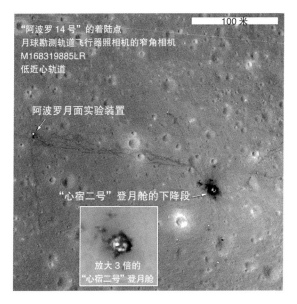

月球勘测轨道飞行器从低轨道拍摄的图像。可见"阿波罗14号"宇航员艾伦·谢波德和埃德加·米切尔两次月球行走的路径（在第二次月球行走结束时，谢波德打了两杆高尔夫球，这件事很有名）以及"心宿二号"（Antares）登月舱的下降段。
图片来源：美国国家航空航天局戈达德航天中心、亚利桑那州立大学

罗宾逊说，他希望这些美丽的图像能够再次唤起人们对月球的兴趣，而"阿波罗号"着陆点的图像或许会点燃人类重返月球的热情。"对我来说，镜头下的月球是一个神秘而美丽的地方，一个只要 3 天就可以飞过去的新世界。"他说。

月球探索的未来

　　月球勘测轨道飞行器还能坚持多久？今后还会有新的月球任务和探测器吗？让我们拭目以待。近些年，美国国家航空航天局还向月球发射了另外两个无人探测器。一个是双体的月球重力场恢复与内部结构探测器（Gravity Recovery and Interior Laboratory），简称"圣杯号"（GRAIL）。该探测器能够在极其

月球勘测轨道飞行器在绕月轨道的有利位置拍下了这幅独一无二的地球图像，让人不禁想起"阿波罗号"宇航员拍摄的著名照片——"蓝色大理石"。
图片来源：美国国家航空航天局、戈达德航天中心、亚利桑那州立大学

诺亚·佩特罗。
图片来源：美国国家航空航天局、戈达德航天中心

细微的尺度上测量月球引力，但任务已于 2012 年结束。另一个是月球大气和尘埃环境探测器（Lunar Atmosphere and Dust Environment Explorer，LADEE），它可以收集月球大气的详细信息。该项任务已于 2014 年结束。

我为写作此书而采访的每位科学家和工程师都希望，美国国家航空航天局能够一直保持无人太空探索的热情，并制订一个可持续、有意义的探索计划，通过无人和载人航天任务来刺激创新和技术研发。这将惠及全人类，并满足我们探索未知的欲望，不断地突破科学、技术和哲学的边界。

有人认为月球是我们探索太阳系其他领域的"门户"。除了官方太空机构之外，很多商业机构也对探月感兴趣，比如谷歌公司组织了"谷歌登月超级大奖赛"（Google Lunar XPRIZE），奖金高达 3 000 万美元。竞赛要求参赛队伍必须是私人出资，哪个队伍的登月车率先着陆，行进 500 米并传回高清视频和图像，即告胜出。根据目前的时间表，各队想要保住参赛资格，必须在 2016 年年底之前对外公布一份经过验证的发射合同，并在 2017 年年底完成任务。

"我很想看到人类登上火星。"冯德拉克说，"要是我能活到那天，我会坐在电视机前鼓掌庆祝。可是火星那么远，登陆的花费和风险都很高，而月球是我们最近的邻居，比火星近得多。还有，借助月球勘测轨道飞行器，我们现在对月球了如指掌，知道哪里安全，哪里有资源。'阿波罗号'已经带着人类登上月球，我们下一步要学习怎样在那里生活和工作，这将为我们登陆火星和更远的天体做准备。"

虽然月球勘测轨道飞行器这样的无人探测器将继续它们的探索之旅，但人类才是所有探索背后真正的推动者。

"最终实现任务的是人。"佩特罗说，"就月球勘测轨道飞行器而言，那就是所有仪器团队和戈达德的工作人员。没有他们，就没有任务可言，这个飞行器也不过是一坨围着月球绕圈的破铜烂铁而已。能够参与此项任务，与这么优秀的团队共事，我感到万分荣幸。"

第十章

展望未来：
值得关注的太空任务和太空发现

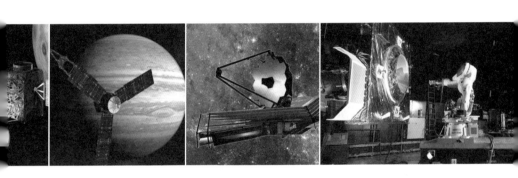

太空救援车

"我今天给你看的就是未来。"弗兰克·切波利纳一边说话，一边迈着轻快的脚步，带我参观美国国家航空航天局戈达德航天中心的卫星维修能力办公室（Satellite Servicing Capabilities Office），"但这并不是未来拼图的最后一块，只是在走向未来的路上又迈进一步。"

卫星维修能力办公室分为几个区域。各种尺寸的工业机械臂都摆好了姿势，准备对卫星的实物模型"下手"。技术员正在摆弄一只机械臂。俗称机器人操作员（robo）的专家们坐在计算机工作站前。这里十分宽敞，一侧耸立着巨大的金属框架，一个直径 5 米的小行星巨石模型被牢牢固定在里面。

切波利纳既是一个传奇人物，又是一位和蔼可亲的长辈。他把这里称为"他的"实验室，我在这里参观时受到了贵宾般的

机器人操作中心（Robotic Operations Center）是卫星维修技术的测试平台，为科学探索保驾护航。

图片来源：美国国家航空航天局、戈达德航天中心、卫星维修能力办公室

无人航天器"修复号"（Restore-L）的艺术概念图。"修复号"将配备各种工具和技术，目标是延长卫星的寿命，服务对象包括在设计时并未考虑接受在轨维修的卫星。图片来源：美国国家航空航天局

礼遇。"我想把所有玩具都拿给你看。"他笑道。每位技术员和专家看我们走过来，都会停下手上的工作，亲切地跟"切皮"[①]打招呼。

在这座巨大的实验室里，这些被切波利纳称作孩子的人（无论年龄大小）为多个太空任务进行技术和操作测试，包括在轨卫星的自动化燃料加注和修理任务。他们还为美国国家航空航天局

——————————

① 切皮（Cepi），切波利纳的昵称。

提议的小行星变轨任务（Asteroid Redirect Mission）测试仪器设备。在这项任务中，无人航天器将从一颗小行星的表面采集一块几吨重的巨石，然后用这块巨石将这颗小行星引入一条稳定的绕月轨道。[①]

第三章提到，切波利纳曾领导哈勃空间望远镜的维修任务。如今他是卫星维修能力办公室的副主任，参与了开发"修复号"无人航天器任务。"修复号"将使用各种工具和技术延长卫星的寿命，即便有些卫星当初在设计时并没有把在轨维修纳入考虑范围。

"航天飞机退役那会儿，"切波利纳解释说，"我们关注的下一个焦点是，怎样在没有航天飞机和宇航员的情况下，执行维修和科学探索等在轨任务。我们计划开发一款机器人，它就像一台无人驾驶的太空救援车，开赴前线对病号卫星实施救护，比如有的卫星需要修理，有的卫星天线没有正确展开，有的卫星燃料不足。"

卫星维修能力办公室开发了若干智能软件，可以让"太空救援车"自动捕获失控的航天器或是正在旋转的小行星。

"尽管航天器或小行星可能会上下左右地翻腾旋转，"切波利纳说，"但我们这台救援车的机械臂非常智能，可以读懂目标的运动状态，计算出它的转速，然后抓住它。"

---

① 改变小行星的运行轨道有两种方法：一是直接捕获小行星，改变它的运动方向；二是利用所捕获的巨石及航天器自身的质量，对小行星产生引力拖拽，从而缓慢改变它的运动轨迹，这种方法被称为"引力牵引"。此处提及的是后一种方法。

机器人操作中心，弗兰克·切波利纳与 Motoman 机械臂。

图片来源：南希·阿特金森

　　切波利纳说，虽然接近和捕获天体由无人航天器自主完成，但这套系统的精妙之处在于，地面操作员可以操控机械臂，进行精细的操作。就修理卫星而言，操作团队已经编制了普遍适用的操作指令，不管维修对象的配置如何。

　　为此，美国国家航空航天局已经与"达·芬奇"手术机器人的开发者合作，因为这款机器人可以远程操作复杂精细的外科手术，比如心脏微创手术、切除恶性肿瘤等。手术机器人和卫星机器人都使用三维可视化系统远程指导操作。

　　机器人操作中心的墙是黑色的，铺着幕布，熄灯时可以模拟黑暗的太空。

　　"我们用人工照明模拟太空中的光和闪烁。"切波利纳解释说，"这是完全浸入式的培训设施，配有几个不同卫星的原尺寸零件模型，为操作练习提供非常逼真的环境。这样，我们的操作员在电脑屏幕上看到的情景，就与将来实际操作太空救援车修理卫星的情景非常相似。我们练习，练习，再练习，这样才能在实际执行任务时轻松达到所需要的精度。"

机器人也有缺点，它们在现场的工作速度比不上人类。

"但它们不需要吃饭和睡觉，"切波利纳笑着说，"在地球端，机器人操作员是可以倒班的。"

哪些卫星能接受修理呢？

"我们在地球同步轨道上有数十亿美元的资产。"切波利纳说。所谓地球同步轨道是指距地面约 35 786 千米的轨道，这里为大约 400 颗气象卫星、通信卫星和间谍卫星提供了理想的运行位置。"美国国家航空航天局和美国国家海洋和大气管理局（NOAA）的卫星，还有军事卫星和商业卫星都在那里，就算是航天飞机也飞不过去，所以无人航天器大有用武之地。"

"修复号"计划于 2019 年发射。①它将与一颗目前尚未命名的政府卫星交会，捕捉它，给它补充燃料并重新部署就位，以延

机器人操作员乔·伊斯利（Joe Easley）。摄像机、监视器和计算机工作站是这座设施的眼睛和大脑，机器人操作员利用这些设备发出指令，同时清晰地查看机器人的一举一动。
图片来源：美国国家航空航天局、戈达德航天中心、卫星维修能力办公室

① 根据美国国家航空航天局官网信息，"修复号"已延后至 2022 年发射。

戈达德航天中心的卫星维修能力办公室，机器人和实物模型正在模拟演练卫星维修任务，比如轻轻地抓住一颗待维修的卫星。

图片来源：美国国家航空航天局、戈达德航天中心、卫星维修能力办公室

长它的寿命。如果任务成功，卫星维修技术就大有希望整合到美国国家航空航天局的其他任务，包括探索任务和科学任务中。尽管这项技术目前由美国国家航空航天局开发，但"修复号"很可能会迅速带动整个卫星维修产业。

这从一开始就是切波利纳的梦想。

"把卫星丢在轨道上的做法让我感到震惊。"他说，"单纯出于经济方面的考虑，我们也应该想办法修好卫星，更何况这样做对科学研究也有好处。我想找个办法修理和升级卫星。"

切波利纳和他的团队使用航天飞机完成了6次维修任务，其中5次是修理哈勃空间望远镜，还有一次是修理太阳活动峰

年（Solar Max）观测卫星。因此，这并不是什么新点子，但为了确保成功，卫星维修能力办公室正在努力开发精密的远程操作技术。

"现在没有航天飞机了，我们只能利用过去跟航天飞机宇航员合作的宝贵经验来改进工具，与机器人合作完成维修任务。"切波利纳说，"我们的目标是大大延长卫星的寿命，让它们能像哈勃空间望远镜一样长寿。"

自 2011 年以来，国际空间站一直是自动化燃料加注任务（Robotic Refueling Mission）的实验场所，卫星维修能力办公室开发的机器人维修工具、技术和方法都拿到那里去测试。机器人操作员的工作地点在位于休斯敦的约翰逊太空中心（Johnson Space Center），操作对象——加拿大制造的机械臂和德克斯特（Dextre）大型双臂机器人——则在国际空间站的外面工作。未来会有更多实验被送到国际空间站，更多的机器人维修任务将在那里接受测试。在这里我要再次强调，官方的设想是首先实现机器人维修卫星，然后把这项技术移交给有能力的公司将其产业化。

"我们在做各种各样的事情，本质上都是为了提高我们开发新技术、获取新知识的能力。"切波利纳说。

切波利纳已经 80 岁了，但他还是像个孩子一样爱梦想。哈勃空间望远镜的最后一次维修任务触动了他，让他萌生了在地球轨道上建造大型望远镜的想法。

"400 多年前，伽利略用他的望远镜观察太空。在意大利的佛罗伦萨，伽利略博物馆（Galileo Museum）制造了这台望远镜的原尺寸复制品，由执行维修任务的宇航员带上了太空。"切波利纳回忆说，"工作完成后，宇航员把它放在驾驶舱的工作台上，拍了张照片，而舷窗外就是哈勃空间望远镜。我看了之后说：这张照片告诉我们，400多年过去了，望远镜的口径从2.5厘米扩大到254厘米，进步小得可怜，是时候加把劲儿了。"

切波利纳的设想是让人与机器人配合，在太空中将多个巨大的镜面组装成一台口径为2 540厘米的望远镜。

"我们真的可以拓展自身的能力，在银河系中寻找外星生命。"切波利纳充满激情地说，"开发航天人的想象力，这是我的终极目标。在我看来，这相当于机器人与宇航员再结连理。机器人负责重体力劳动，人负责重脑力劳动。若能做到人机结合，你将拥有超凡的能力。"

近期任务

让我们来看一看近期几个已经启动或即将启动的新任务，它们无一不是独特而又刺激的无人太空探索任务。

"朱诺号"（Juno）探测器于2011年发射，2016年7月抵达木星，在一个椭圆极地轨道上研究这颗巨行星。"朱诺号"在木星与其密集的带电粒子辐射带之间反复俯冲，从一个极点飞到另一个极点只需要大约1小时，其间它与木星云顶的最近距离不到5 000千米。
图片来源：美国国家航空航天局、加州理工学院-喷气推进实验室

近距离研究木星："朱诺号"

发射日期：2011 年 8 月

到达木星日期：2016 年 7 月

任务结束日期：2018 年 2 月

木星是太阳系质量最大的行星。它拥有多颗卫星，还有一个巨大的磁场，好似一个微型的太阳系。科学家称，了解木星及其形成过程可以帮助我们解答很多问题，不仅涉及木星本身，也涉及整个太阳系的形成。

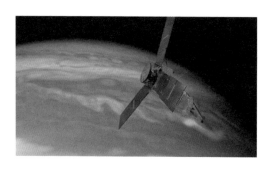

"朱诺号"探测器近距离飞越木星的艺术效果图。图片来源：美国国家航空航天局、加州理工学院-喷气推进实验室

2016 年 7 月，"朱诺号"抵达木星，开启了新一轮的木星探索。"朱诺号"将揭开这颗气巨星的神秘面纱，并使用 7 种科学仪器从一条不同寻常的新轨道上研究木星的起源、内部结构、大气层和磁层。此外，学生和公众将使用"朱诺相机"（JunoCam）给木星拍照，包括首次拍摄极地区域。

"这个探测器整合了很多创新的科学和任务设计理念。"在喷气推进实验室任职的项目经理里克·尼贝肯（Rick Nybakken）说，"在我参与过的所有任务中，这项任务的设计最精湛、最优雅。"

　　尼贝肯说，看到任务计划书时，他惊叹不已。飞速运行的"朱诺号"将开创性地使用太阳能电池板，满载各式各样的仪器，而首次贴近观测将把木星研究带入前所未有的深度。

　　在"朱诺号"之前，没有任何一个远日航天器使用太阳能电池板供电。"朱诺号"之所以有这个能力，要归功于工程师们的巧妙设计。在绕木星运行时，"朱诺号"将太阳能电池板始终对着太阳，而且永远不会飞到木星的背阳面。这样的轨道设计不仅促成了这个历史性的太空任务，而且还确立了"朱诺号"独一无二的科学轨道。

　　"它的椭圆轨道处于木星与其辐射带的内缘之间，最近处仅比木星云顶高出 5 000 千米。"尼贝肯说，"从来没有哪个航天器能飞到离木星这么近的地方。可以说，它就在木星上空。"

　　为什么要如此靠近一颗以辐射强烈而闻名的行星呢？

　　"要进行开创性的观测，我们必须比以往任何任务都更接近木星才行。"尼贝肯说，"让探测器深入未知区域会有风险，所以我们花了不少时间识别潜在风险，想办法尽量降低风险。"

　　"朱诺号"绕木星转一周需要 14 个地球日，独特的轨道设计能使它尽可能少地被辐射，至少在任务早期能做到这一点。此外，"朱诺号"的大部分电子设备都放在一个特殊的钛合金防护舱内，可以抵御辐射。

　　"通常情况下，电子设备要在木星的强辐射环境中正常运行，必须重新设计，但如果把电子设备放进防护舱里，就可以大大节省设计方面的工作量。"尼贝肯说，"这样一来，省下的资金就可以拿来配备功能强大的科学仪器。我把'朱诺号'视为一件科学大作，因为它融合了很多创新的概念，既有开创性，又有凝聚力。"

现在，"朱诺号"装配的各个仪器正在研究木星的辐射带、磁层、内部结构和湍流大气，同时传回壮丽的特写图像。

"这其实是一项数据驱动的任务。"同样在喷气推进实验室任职的项目科学家史蒂夫·莱文（Steve Levin）说，"我们的目标就是尽可能多地获取数据。"

"朱诺号"只能绕木星运行大约 20 个月（差不多 37 周），严酷的辐射环境最终将使它无法运行。[①]

"木星对'朱诺号'的仪器来说非常不友好。"莱文说，"但是为了完成我们想要的观测，只能做出这样的牺牲。"

莱文最期待的数据是木星全球的水丰度，那正是我们目前不掌握的数据。作为此前唯一的木星任务，"伽利略号"（Galileo）探测器在 1995 年至 2003 年对木星进行了长期观测，取得很多新的发现，但也留下一些悬而未决的问题。在那次任务中，"伽利略号"携带的探测器还进入了木星的大气层。

"那个探测器没发现什么水。"莱文说，"要了解木星的形成，关键要弄清楚木星上有多少水。或许那个探测器去的地方恰好没有水。'朱诺号'将使用一种微波仪器，它能测量整个大气层的水含量，而不仅仅是某个或某几个地方。这是一个巨大的优势。"

---

① 出于保护燃料系统阀门的考虑，"朱诺号"的轨道周期由原计划的 14 天延长到 53 天。

其他仪器负责研究木星的磁场和内部结构等。莱文说，他期待看到以前从未见过的画面——木星的两极。

"知道木星两极的样子会让人很开心。"他说，"而目前我们的这台可见光相机非常强大，这让我感到振奋。我们要竭尽全力让'朱诺相机'成为属于公众的仪器，比如请公众帮我们挑选观测对象，尽快发布图像。"

想查看任务的图像，请访问 www.missionjuno.swri.edu/media-gallery/junocam。

此项任务预计在 2018 年年底结束，到那时"朱诺号"将脱轨撞向木星，以免它失控后污染潜在宜居的木卫二（Europa）。[①]就像"卡西尼号"一样，"朱诺号"执行可控脱轨是美国国家航空航天局行星保护指导方针的要求。

下一个火星任务：火星生命探测

发射日期：2016 年 3 月

到达火星日期：2016 年 10 月

火星生命/痕量气体轨道探测器（Trace Gas Orbiter）任务的艺术概念图。
图片来源：美国国家航空航天局、欧洲空间局

——————————

① 根据美国国家航空航天局官网信息，任务延期至 2021 年 7 月。

火星生命 2016（ExoMars 2016）是欧洲空间局和俄罗斯航天局（Roscosmos）的联合任务，任务将发射欧洲制造的痕量气体轨道探测器和"斯基亚帕雷利号"（Schiaparelli）着陆器（一个入降着陆示范模块）去研究火星。轨道探测器将搜寻甲烷气体，因为有甲烷就意味着火星上可能有生命，或者揭示火星正在发生非生物地质活动。地基望远镜和"好奇号"火星车已经探测到了甲烷的神秘存在，而这项任务有望提供更多的线索，以解释为什么火星似乎正在产生这种迅速衰变的气体。这个探测器还将寻找火星上的水，研究火星的环境和表面。

"斯基亚帕雷利号"着陆器将作为日后巨大的有效载荷登陆火星的一次测试，但它也会钻取样品，并为欧洲空间局未来的太空任务测试其他能力。

"奥西里斯"：一项小行星任务

发射日期：2016 年 9 月

目的地：小行星贝努星（Bennu）

到达日期：2018 年 10 月

样本返回地球日期：2023 年

奥西里斯探测器是起源、光谱解析、资源识别、安全及表土探测器（Origins, Spectral Interpretation, Resource Identification, Security, Regolith Explorer）的简称。该任务旨在帮助科学家解答人类几个世纪以来一直在问的问题：我们从哪里来？我们的命运是什么？科学家希望这颗名为贝努星的小行星能给出

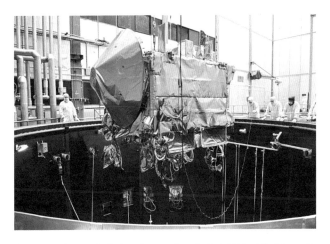

在科罗拉多的洛克希德·马丁公司，奥西里斯探测器（OSIRIS-Rex）进入热真空室接受环境测试。

图片来源：洛克希德·马丁公司

一些答案。

这个探测器将于 2016 年 9 月发射，预计 2018 年抵达贝努星。之后，它将用一年时间研究贝努星，采集一个样本，预计于 2023 年返回地球。[①]

小行星是 40 多亿年前太阳系形成初期产生的残余碎片，这些古老的天体可以告诉我们太阳和各大行星的历史。科学家认为，直径 492 米的贝努星可能含有生命起源的分子前体、水和贵金属。

———————————

① 奥西里斯探测器已于 2016 年 9 月 8 日从卡纳维拉尔角空军基地发射，2018 年 12 月 3 日完成 20 亿千米的巡航，到达贝努星，12 月 31 日进入绕贝努星的轨道。

然而，贝努星也被视为最有威胁的小行星之一，因为它很有可能会在 22 世纪晚期撞击地球。奥西里斯探测器将确定贝努星的物理和化学性质，这对于科学家设法降低其撞击地球的概率至关重要。可能的应对方案包括引力拖拽或者对其实施撞击。

推迟发射的火星着陆器："洞察号"

发射日期：2018 年 5 月

登陆火星日期：2018 年 11 月

这张艺术概念图创作于 2015 年 8 月，描绘美国国家航空航天局的"洞察号"（InSight）火星着陆器完成部署、准备研究火星深部构造的情景。

图片来源：美国国家航空航天局、加州理工学院-喷气推进实验室

"洞察号"的全称是"利用地震学、大地测量学和热传输方法实施的火星内部探索"（Interior Exploration using Seismic Investigations, Geodesy and Heat Transport），最初计划于 2016 年 3 月发射，但由于一台主要仪器出现泄漏而不得不推迟了两

年。[①]"洞察号"将登陆火星，研究这颗红色星球的深部。

它的首要目标是帮助我们了解岩质行星（包括地球在内）的形成和演化，其基础是 2008 年取得成功的"凤凰号"火星车任务。"洞察号"着陆器配有钻机、地震仪和传热探针，用来研究火星的表面和内部，让我们能够更深入地了解火星的早期地质演化。这是一项国际任务，来自奥地利、比利时、加拿大、法国、德国、日本、波兰、西班牙、瑞士、英国和美国的研究人员共同参与。

"贝比科隆博号"：欧洲首个水星任务

发射日期：2018 年

到达日期：2024 年

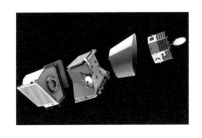

"贝比科隆博号"（BepiColombo）水星复合航天器的组件。从左到右依次为：水星传输模块（MTM）、水星行星轨道飞行器（MPO）、水星磁层轨道飞行器（MMO）遮光罩和接口结构（MOSIF）以及水星磁层轨道飞行器。

图片来源：欧洲空间局

"贝比科隆博号"是欧洲的第一个水星任务，计划于 2018 年发射[②]，预计在 2024 年年末到达水星——有些人称它是太阳系

---

① "洞察号"于 2018 年 5 月 5 日在范登堡空军基地（Vandenberg Air Force Base）由"阿特拉斯 V-401 型"火箭发射升空，11 月 26 日成功在火星的极乐平原（Elysium Planitia）着陆。

② "贝比科隆博号"已于 2018 年 10 月 19 日发射。

中人类探索最少的类地行星。

"贝比科隆博号"实际上由两个航天器组成：负责研究水星表面和内部成分的水星行星轨道飞行器和负责研究水星磁场对周围空间影响的水星磁层轨道飞行器。这是欧洲空间局和日本宇宙航空研究开发机构联合进行的太空任务，预计持续大约两年。

新一代太空天文台：詹姆斯·韦伯空间望远镜

发射日期：2018 年 10 月

任务期限：5~10 年

位置：距地球 150 万千米

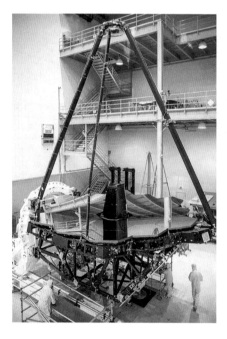

美国国家航空航天局戈达德航天中心位于马里兰州格林贝尔特的无尘室，中间高高架起的是詹姆斯·韦伯空间望远镜的金黄色主镜。这台望远镜被视为人类历史上体积最大、功能最强的空间望远镜。

图片来源：美国国家航空航天局、克里斯·冈恩（Chris Gunn）

詹姆斯·韦伯空间望远镜是万众瞩目、期待已久的新一代空间望远镜，被奉为哈勃空间望远镜的继承者，计划于 2018 年 10 月发射。天文学家希望通过它观测刚刚 2 亿岁时的宇宙，以及当时形成的第一代恒星和星系。

　　詹姆斯·韦伯空间望远镜是一台大型红外望远镜，主镜直径 6.5 米，镀金（哈勃空间望远镜的主镜镀的是铝，相比之下，黄金可以更有效地反射红外线）。这是一项国际太空任务，望远镜将搭乘"阿丽亚娜 5 型"火箭从法属圭亚那发射升空。它将成为未来 10 年的首选天文台，为全球数以千计的天文学家所用。它将研究宇宙历史的每个阶段，从大爆炸后发出的第一束光开始，直到孕育了地球生命的太阳系的形成和演化。跟哈勃空间望远镜差不多，詹姆斯·韦伯空间望远镜也是一个通用天文台，也就是说，天文学家可以通过它来研究"热点问题"。事实上，它的管理方式将会与哈勃空间望远镜很相似，即天文学家可以申请使用时间。

　　它将部署在距离地球 150 万千米、位于月球外侧的地月第二拉格朗日点（L2）上，在此处，地球、月球和太阳的引力刚好可以让它保持稳定。不过，这也意味着我们没法像对待"哈勃"那样去维修它。它从发射到进入轨道差不多需要 1 个月，然后再过 6 个月就能够全面运行了。

　　科学家为它开发了几项创新技术：它的主镜由 18 个独立镜面组成，发射后即可展开调整成形；它有一个网球场大小的 5 层遮光板，可以阻挡多余的光和热；它还有 4 台仪器（照相机和光谱仪），可以检测到极其微弱和遥远的信号。

艺术概念图：太空中的詹姆斯·韦伯空间望远镜。

图片来源：美国国家航空航天局

　　大家对詹姆斯·韦伯空间望远镜期盼已久。这项任务在 20 世纪 90 年代初首次提出，1996 年获批，但是它与哈勃空间望远镜一样，也是由于独特组件和系统的建造问题，屡次遭遇延误和成本超支，发射日期一再推后，从 2007 年、2011 年、2013 年一直推到了目前预定的 2018 年。[①] 主镜在 2016 年年初组装完毕，总的建造成本已经从最初估算的大约 10 亿美元增加到目前的大约 80 亿美元。

　　与哈勃空间望远镜不同，詹姆斯·韦伯空间望远镜不是光学望远镜，所以它生成的图像也将有所不同。但是对于它未来将要传回的宇宙信息，大家都抱有很高的期望。

---

① 　见第 197 页脚注 ①。

再次登陆火星：2020 火星车

计划发射和到达日期：2020 年

这项任务的基础是 2012 年登陆火星并圆满完成任务的"好奇号"火星车。新的火星车将使用与"好奇号"相同的车身底盘，但它的科学目标及相应搭载的科学仪器完全不同。在退出与欧洲空间局合作的火星生命探测任务之后，美国国家航空航天局决定独自前往火星（然而实际上，西班牙、法国和挪威都会参与其中）。[①]

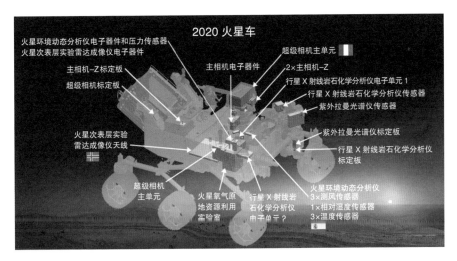

2020 火星车及推荐搭载的科学仪器，仪器名称后面标注了仪器的贡献国，没有标注的为美国提供。

图片来源：美国国家航空航天局、喷气推进实验室

---

① 2020 年 7 月 30 日，"毅力号"（Perseverance）火星车从卡纳维拉尔角空军基地发射升空，预计于 2021 年 2 月 18 日登陆火星，着陆点为湖坑，任务寿命至少 1 个火星年（687 个地球日）。

2020 火星车将识别和挑选一批岩石和土壤样本，就地储存起来，以便由后续任务的执行装置带回地球。它还将搜寻火星过往生命的迹象，并测试未来人类探索者就地利用火星资源生存发展的方法。这包括了解火星尘埃的危害，验证用二氧化碳制氧进而生产燃料的技术。火星车预计将搭载升级版的相机、硬件和新仪器，从而对它的着陆点进行地质评价，确定环境是否宜居，并直接寻找火星古代生命的迹象。

2020 火星车的科学系统工程师萨拉·米尔科维奇说，准备工作的目标之一是让这台火星车易于操作。"我们为它制定的目标非常宏伟，"她说，"所以我们想尽可能地把流程自动化，从而让它有能力自己做出更多决策，这样操作团队就可以专注于只有人类才能做出的决策。"

木卫二任务

发射日期：待定（21 世纪 20 年代中期）

一个轨道探测器[①]将被发射到木卫二，并对这颗迷人的卫星进行详细的勘测，以调查它是否适合生命存在。科学家认为，它的冰壳下面有一个次表层全球海洋，因此具备适于生命存在的条件。

这项任务计划把一个耐辐射的航天器送入一条长距离的环木星轨道，然后反复近距离飞掠木卫二。目前已选定 9 种科学仪

---

① 该探测器名为"木卫二快船"（Europa Clipper）。

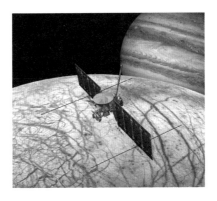

木卫二任务的艺术渲染图。
图片来源：美国国家航空航天局、喷气推
进实验室

器。照相机能拍摄木卫二表面的高分辨率图像，光谱仪能确定其
成分，探冰雷达能确定木卫二冰壳的厚度，并寻找类似于地球
南极洲的次表层湖泊。这项任务还将搭载一台磁力计，用于测量
木卫二磁场的强度和方向，以帮助科学家确定其海洋的深度和
盐度。

　　热辐射成像仪将勘测木卫二的冰冻表面，寻找其表面或接
近表面处的暖水喷流。其余几部仪器将寻找木卫二稀薄的大气层
含有水和微小颗粒的证据。2012 年，哈勃空间望远镜观测到木
卫二南极地区上空的水汽，这是存在羽状暖水喷流的潜在证据。
如果这些水喷泉存在且与次表层海洋相连的推测得到证实，那么
研究它们的成分将帮助科学家探究木卫二潜在宜居环境的化学组
成，同时减少钻透冰层的必要。

后 记

为什么探索太空？

　　我在序言中说过，本书是对无人太空任务的快照式叙述。由于随时可能有新的发现和无法预见的新发展，所以不可避免地，太空探索总是处在动态变化之中。作为一名太空题材的专业记者，我对此再清楚不过了。但在写作本书时我才发现，这种动态变化还是令我有些措手不及。每当有令人激动的新发现，或者某个太空任务可能发生重大变化时，我便不得不回头修改有关章节。例如，2016 年 5 月，开普勒任务团队宣布证实了 1 284 颗新的系外行星，这是迄今为止最大规模的行星发现。再比如，就在撰写后记的几个星期前，"黎明号"任务团队刚刚提出一个完全出人意料的建议——让"黎明号"去勘测第三个天体。

　　尽管如此，有一样东西可能永远不变，那就是任务执行者和宇宙探索者的奉献与执着。在写作本书的过程中，我有幸邀请到 35 位科学家和工程师分享他们的经历。他们对太空事业始终怀有一份难以置信的热忱与激情，令人肃然起敬。我由衷希望自己能准确捕捉他们的探索与发现精神，并传递给广大读者。

但是，人类究竟为什么要探索太空？当麦哲伦、达·伽马、皮西亚斯等早期探险家踏上征途时，毫无疑问也有很多人认为，越过地平线探索外面的世界，劳民伤财不说，还有性命之忧，实为愚蠢之举。事实上，他们的探险并不尽如人意，但最终改变了世界。与此相似，无人太空任务、空间望远镜和地基望远镜也在帮助我们拓宽眼界，探索遥远的宇宙，发现众多未知和意料之外的新鲜事。

促使我们去探索和发现的动力，有些是无形的。人类单纯想要拓宽视野，满足好奇心，发现惊喜，解答本书提及的深奥问题，比如：宇宙是怎么开始的？生命是怎么起源的？有外星人吗？

探索也会带来有形的利益，促进科学、医药、通信、运输等诸多领域的技术发展和进步。探索精神激励我们去发明创造，提高探索能力，进而改变世界。如果人类登上火星、木卫二或者更遥远的星球，会发现什么？我们现在回答不上来。但人类如果躺在地球摇篮里不肯挪动，那就永远不会得到答案。

探索太空需要资金。反对者最惯用的论调就是，这些钱应该优先用来解决地球上的问题。这些人没有意识到，美国国家航空航天局还有世界各地的其他太空机构，并不是把几百万美元塞进火箭，然后在外太空里一把火烧光。这些钱其实全都花在了地球上，为全世界最聪明的人创造工作机会，让他们得以施展才能，改变世界，造福人类。太空探索催生了许多可以挽救生命、改善生活的发明创造，我们每天都在享用这些成果。此外，为太空探索开发的技术也可以催生新的公司和产业，从而创造更多的就业岗位和发展机会。企业蓬勃发展所依赖的重大科研项目，都要归功于美国国家航空航天局和其他太空机构。

民意调查显示，对美国政府给美国国家航空航天局的拨款，很多美国人都存在误解。美国国家航空航天局 2017 财年的拟议预算为 190 亿美元，这看起来是很大一笔钱，但是要知道，联邦政府的拟议预算总额为 4.2 万亿美元。也就是说，美国国家航空航天局的预算仅占政府总预算的 0.45%。或者换句话说，纳税人每掏 1 美元，美国国家航空航天局只花了不到半分钱。相比之下，2017 财年的教育预算占联邦政府总预算的 2%（850 亿美元），军费预算占 15%（6 320 亿美元），社会保险、失业和劳工预算占 33%（1.39 万亿美元）。

太空探索不仅帮助我们了解宇宙，也帮助我们了解地球和人类自身。1970 年，时任美国国家航空航天局马歇尔航天飞行中心副主任的恩斯特·施图林格（Ernst Stuhlinger）博士收到一

巨大的土星悬浮在黑暗中，挡住了耀眼的阳光，从而使"卡西尼号"拍到这幅前所未见的土星环景象，图像展现出当时未知的微弱星环。这幅奇妙的全景图由 165 张图像合成，原始图像全部由"卡西尼号"的广角相机拍摄于 2006 年 9 月 15 日，拍摄时近 3 小时。制图人员首先把使用各种滤镜拍摄的图像进行数字合成，增强色彩对比，然后再将色彩调至接近自然色。从外往里数第二环内的白点就是地球。
图片来源：美国国家航空航天局、喷气推进实验室、太空科学研究所

封来信，写信人质问他为什么要花几十亿美元探索火星，而不是救助成千上万的饥饿儿童。他在回信中这样写道：

"太空任务看似要带着我们离开地球，飞向月球、太阳、行星和其他恒星，但我相信，太空科学家对外星的关注和研究程度绝不会超过地球。我们会把新的科技用于改善现在的生活，我们还会对地球、生命和人类有更深的理解。地球显然会因此变得更加美好。"

放眼太空，心系地球，怀着一份好奇心去生活，这能帮助我们为自己，更是为子孙后代创造一个更美好的世界。

致 谢

　　衷心感谢美国国家航空航天局的所有科学家和工程师，感谢他们在百忙之中抽出时间接受我的采访，为我当导游，回答我的后续问题，帮我审阅技术细节。他们对写作本书的认同和热情让我受宠若惊，他们付出的努力以及这份努力对我的意义无法用语言来形容。接受面对面访谈的科学家和工程师包括：喷气推进实验室的阿什温·瓦萨瓦达、约翰·迈克尔·莫鲁基恩、马克·雷曼、凯莉·比恩、琳达·施皮尔克、厄尔·梅兹、里奇·楚雷克、丹·约翰斯顿、韦斯利·特劳布、里克·尼贝肯和尼尔·莫汀格；戈达德航天中心的迪恩·佩斯内尔、亚历克斯·杨、理查德·冯德拉克和弗兰克·切波利纳；约翰斯·霍普金斯大学应用物理实验室的哈尔·韦弗和艾丽斯·鲍曼；空间望远镜科学研究所的肯·森巴赫、佐尔特·莱沃伊、赫尔穆特·延克纳和卡罗尔·克里斯蒂安（Carol Christian）。接受电话和电子邮件访谈的科学家和工程师有：美国西南研究院的艾伦·斯特恩；亚利桑那州立大学的阿尔弗雷德·麦克尤恩、马克·罗宾逊、克里斯蒂安·沙勒和克里斯廷·布洛克；喷气推进实验室的罗伯特·韦斯特和萨拉·米尔科维奇；美国国家航空航天局艾姆斯研究中心的纳塔莉·巴塔利亚、托马斯·巴克利、托尼·科拉普雷特和珍妮弗·海尔德曼；戈达德航天中心的诺亚·佩特罗和莉莲·奥斯特拉赫；大气与空间物理学实验室的汤姆·伍兹。再次感谢你们分享自己的经历和感受，让我们领略太空探索事业的非凡与卓越。

这里要特别感谢马克·雷曼关于离子推进，诺亚·佩特罗和理查德·冯德拉克关于月球勘测轨道飞行器的延伸解释。

特别感谢喷气推进实验室的媒体办公室，尤其是马克·彼得罗维奇（Mark Petrovich）、盖伊·韦伯斯特（Guy Webster）、DC·阿格尔（DC Agle）和伊丽莎白·兰多（Elizabeth Landau），感谢他们协调安排访谈，陪我参观美不胜收的校区，圆了我参观喷气推进实验室的心愿。深深感谢美国国家航空航天局戈达德传播办公室的朋友们，尤其是帮我协调安排访谈的凯伦·福克斯（Karen Fox），还有陪我这个"危险的"明尼苏达人到处走访的萨拉·弗雷泽（Sarah Frazier）、南希·尼尔·琼斯（Nancy Neal Jones）、德韦恩·华盛顿（DeWayne Washington）和阿德里安娜·亚历桑德罗（Adrienne Alessandro）。特别感谢迈克尔·巴克利安排我参观约翰斯·霍普金斯大学应用物理实验室，那次参观给我留下了美好而难忘的记忆。我还要向谢里尔·冈迪（Cheryl Gundy）致以深深的谢意，感谢你在标志性的空间望远镜科学研究所为我安排了一系列参观和访谈，让我感受到贵宾般的礼遇！感谢空间望远镜科学研究所的雷·维拉德（Ray Villard）与我畅谈科普写作，感谢艾姆斯研究中心的米歇尔·约翰逊（Michele

Johnson）帮我安排有关开普勒任务的访谈。

感谢喷气推进实验室的吉姆·麦克卢尔（Jim McClure）带我参观太空飞行操作中心，感谢吉姆·王（Jim Wang）陪我参观火星园（Mars Yard）。我要大声感谢埃里斯·凯克（Aries Keck），感谢你邀请我参加美国国家航空航天局在戈达德航天中心举办的活动，也感谢戈达德航天中心每一个陪我参观、帮我增长见识的员工。

感谢我在喷气推进实验室的朋友们。感谢老朋友尼尔·莫汀格为我安排别开生面的参观，陪我吃午餐，还被我写进了本书。感谢克里斯·波茨（Chris Potts）抽时间跟我见面。感谢太阳系大使计划（Solar System Ambassador Program）的凯·费拉里（Kay Ferrari），他是一个优秀的人。

我还要一如既往、永无休止地感谢我的导师、老板和朋友，今日宇宙网的创始人和发行人弗雷泽·凯恩，感谢你多年前信任我这个初出茅庐的作者，让我今天有机会跟随这些无人航天器踏上太空之旅。你是最棒的！在我的成长道路上，还有多位重要的导师，包括帕米拉·盖伊、菲尔·普莱（Phil Plait）、伊恩·奥尼尔，以及美国全国科学作家协会（National Association of Science Writers）、科学写作促进会（Council for the Advancement of Science Writing）和自 2004 年以来在今日宇宙网与我共事过的所有优秀作家。感谢长期与我合作的贾森·梅杰、戴维·迪金森（David Dickinson）、肯·克雷默（Ken Kremer）、伊丽莎白·豪厄尔（Elizabeth Howell）、马特·威廉斯（Matt Williams）和已故的塔米·普勒特纳（Tammy Plotner），但愿我没有漏掉谁。

由衷感谢今日宇宙网的作家、《裸眼看夜空》（*Night Sky for the Naked Eye*）一书的作者鲍勃·金，感谢他在我们撰写手稿时在"平行宇宙"中鼓励和陪伴我们。干杯！

本书使用的大多数图像都是由无人航天器拍摄的，但我仍然要感谢美国国家航空航天局那些才华横溢的摄影师，他们不仅擅长捕捉壮观的发射和幕后场景，也擅长捕捉任务背后的人物。尤其要感谢了不起的比尔·英戈尔斯，书中有几张照片是他的作品。还要感谢美国国家航空航天局和欧洲空间局的所有平面设计师，他们把宇宙渲染得如此美丽，他们高超的制图水平让复杂的太空探索变得简单易懂。尤其要感谢三个人：凯文·吉尔提供了柯伊伯带天体大小的比较图，鲍勃·金提供了美丽迷人的极光图，贾森·梅杰处理并提供了"好奇号"在第 612—613 火星日完成的抢镜自拍照。

感谢 Page Street 出版社的每个人，你们真的太棒了！我永远不会忘记发行人威尔·基斯特（Will Kiester）和编辑伊丽莎白·赛斯（Elizabeth Seise）联系我的那一天。威尔，感谢你给我这个难得的机会。伊丽莎白，感谢你引领我走完这个过程的每一步，你绝对是一个令人难忘的合作伙伴！特别感谢文字编辑露丝·斯特罗瑟（Ruth Strother），感谢你帮我润色词句，并给我很多中肯的建议。感谢设计团队让图文完美地融为一体，感谢吉尔·布朗宁（Jill Browning）在营销和宣传方面的出色工作。

对家人和朋友，我还能说什么呢？你们没有嫌弃我对太空探索的痴迷，一直支持我，鼓励我，关心我。感谢美丽的好妈妈阿尔蒂斯（Artis），纪念亲爱的爸爸肯（Ken），你们总是让我觉得自己无所不能。感谢哥哥米克（Mick）、姐姐艾丽斯（Alice）和琳达（Linda），在我这个小妹妹的人生道路上，始终有你们的指引和支持。感谢了不起的婆婆玛格丽特（Margaret）和其他兄弟姐妹们，尤其要感谢拉翁（LaVon）在我访谈的时候给我准备了舒适的枕头，陪我度过了快乐的时光。

安迪（Andy）、内特（Nate）、尼克（Nic），现在还有劳丽（Laurie）和珍（Jen），我全部的爱永远属于你们。你们永远是我的灵感之源，也是这个世界上我最喜欢的人。"就像我一直告诉你们的那样，只要用心去做，一切皆有可能！"科林（Collin）、康纳（Connor）、兰德里（Landrie）、埃林（Erin），可能还有其他人，你们就是未来，愿你们激情常在，永不气馁地追逐梦想，实现梦想。

还有里克（Rick），你是永恒不变的北极星，是我坚实的依靠，一生的伴侣。没有你的爱和支持，我不可能写出这本书。我爱你，直到永远。